博碩文化

培養
與 鍛鍊
程式設計的邏輯腦

U0086722

程式設計大賽的128個進階技巧　　使用Python

Christoph Dürr, Jill-Jênn Vie 著、史世強 譯、博碩文化 審校

→ 詳細解說如何增進演算法效率並加以實作

→ 內容由淺入深，幫助讀者快速掌握技巧

→ 以主題導向收錄128種演算法，應試更有效率

→ 使用可讀性及易用性皆優秀的程式語言Python

→ 參加程式設計比賽或考試的最佳參考書目

作　　者：Christoph Dürr, Jill-Jênn Vie
譯　　者：史世強
責任編輯：魏聲圩

董 事 長：蔡金崑
總 編 輯：陳錦輝

出　　版：博碩文化股份有限公司
地　　址：221 新北市汐止區新台五路一段 112 號 10 樓 A 棟
　　　　　電話 (02) 2696-2869 傳真 (02) 2696-2867

發　　行：博碩文化股份有限公司
郵撥帳號：17484299
戶　　名：博碩文化股份有限公司
博碩網站：http://www.drmaster.com.tw
服務信箱：DrService@drmaster.com.tw
服務專線：(02) 2696-2869 分機 216、238
（週一至週五 09:30 ～ 12:00；13:30 ～ 17:00）

版　　次：2019 年 4 月初版一刷

建議零售價：新台幣 620 元
I S B N：978-986-434-383-6
律 師 顧 問：鳴權法律事務所 陳曉鳴

本書如有破損或裝訂錯誤，請寄回本公司更換

國家圖書館出版品預行編目資料

培養與鍛鍊程式設計的邏輯腦：程式設計大賽
的 128 個進階技巧 / Christoph Dürr, Jill-Jênn
Vie 著；史世強譯 . -- 初版 . -- 新北市：博碩文
化，2019.03　面；　公分
譯自：Programmation efficace：128 algorithmes
qu'il faut avoir compris et codés en Python au
cours de sa vie
ISBN 978-986-434-383-6(平裝)
1. 電腦程式設計 2. 演算法

312.2　　　　　　　　　　　　　108003815

Printed in Taiwan

歡迎團體訂購，另有優惠，請洽服務專線
博碩粉絲團 (02) 2696-2869 分機 216、238

作者序

　　我們編寫本書的主要動力是對Python程式設計的熱愛和對解決演算法問題的熱衷。Python語言能夠如此打動人心，是因為這種語言能讓我們編寫清晰而優雅的程式碼，把注意力集中於演算法的本質步驟，而不需要過多關注複雜的語法和資料結構。同時，我們用Python完成編寫程序後數個月再回頭來讀的時候，仍然可以理解自己寫的程式碼，這點十分有益處。身為本書的作者，我們最希望的是能接受新的挑戰，其次是能經得住各種測試，因為一段程式碼只有在毫無bug地實作後，我們才算真正地掌握了程式設計的技巧。我們希望用自己的熱情感染讀者，營造出一種氛圍，鼓勵大家學習和掌握扎實的演算法和程式設計的基礎知識。這種學習經歷往往會得到大型IT企業招聘人員的賞識，而對於軟體工程師或計算機科學教育工作者來說，這對其整個職業生涯也會有所幫助。

　　本書按照主題而不是技術分類收錄了128種演算法。其中某些演算法是常見的經典演算法，另一些則不太常見。尤其在讀者備戰ACM-ICPC、Google Code Jam、Facebook Hacker Cup、Prologin和France-ioi等程式設計競賽時，本書編寫的大量問題將發揮積極的輔導作用。我們希望本書能夠成為演算法的基礎教程和高級程序設計教程的參考，或者能讓學習數學和計算機專業的讀者看到與眾不同的進修內容。讀者可以在網站tryalgo.org（http://tryalgo.org/code/）上找到本書使用的原始程式碼函數庫(註)，以及用來測試程式碼除錯的結果和實作性能的連結。

[譯者註] 也可以用PyPI直接安裝後下載查看並執行。

感謝Huong和智子，如果沒有這兩位朋友的支援，本書是無法完成的。感謝法國綜合理工學院和法國高等師範學院Cachan分校的學生們，他們多次通宵達旦的訓練，為本書提供了很多素材。

最後，感謝所有審閱手稿的朋友們，他們是René Adad、Evripidis Bampis、Binh-Minh Bui-Xuan、Stéphane Henriot、Lê Thành Dûng Nguyên、Alexandre Nolin和Antoine Pietri。本書的作者之一要特別感謝在Tiers高中時的老師Yves Lemaire先生：當年就是在這位老師的啟發之下，作者才初次發現了本書2.5節中描述的「寶藏」。

最後，我們希望讀者在碰到演算法難題時，能夠耐心地花時間去思考。祝大家能在豁然間找到解答，甚至是一個優雅的解答，並能夠盡情享受勝利的喜悅。

那麼，我們要開始了！

Chapter 9　耦合性與流

Chapter 10　樹

Chapter 11　集合

Chapter 12　點和多邊形

Chapter 1

引言

年輕人，透過本書學習編寫演算法，你將在程式設計競賽中大顯身手，順利通過就業面試。捲起袖子大戰一場吧！來創造更多的價值。

　　如今人們仍然存在一種誤解，錯把程式師視為當代的魔術師。電腦逐漸進入企業和家庭，成為推動世界運行的重要動力。但是，仍有太多人在使用電腦的時候沒能掌握足夠的知識，充分發揮電腦的威力，來滿足自己的需求。懂得程式設計可以讓人們得以盡最大的可能，找到解決問題的高效率方法。演算法和程式設計成為電腦行業中不可或缺的工具。掌握這些技能可以讓我們在面對困難時提出有創造力、高效率的解決方案。

　　本書介紹多種解決一些經典問題的演算法技術，不僅描述了問題出現的場景，並且用Python提出了簡單的解決方案。要正確實作演算法往往不是件簡單的事情，總需要避開陷阱，也需要應用一些技巧來確保演算法能夠在規定時間內實作。而本書在闡述演算法實作時附加了重要的細節，能夠幫助讀者們理解。最近幾十年，不同等級的程式設計競賽在世界各地展開，推廣了演算法文化。競賽時所考究的問題一般都是經典問題的變形，使得解答隱藏在難以破解的謎面背後，讓參賽者們一籌莫展。

1-1　程式設計競賽

　　在程式設計競賽中，參賽者必須在規定時間內解決數道題目。問題的輸入稱為實例（instance）。舉個例子，一個輸入實例可以是最短路徑問題中，圖形的鄰接矩陣。一般來說，問題會給出一個輸入實例和它的輸出結果[註1]。參賽者在網上將答案的原始程式碼提交到伺服器，接著伺服器的後台處理程式會編譯並執行它，而後測試其對錯。對於某些問題，原始程式碼在執行時會被輸入多個實例，並一一執行；而對於其他問題，每次執行原始程式碼時，輸入都從一個表示實例數量的整數開始。程式必須按順序讀取每個輸入實例，解決問題，並輸出結果。如果程式能夠在指定時間內輸出正確結果，那麼提交的答案就可以被接受。

圖 1.1 ACM 競賽的圖示具體地展示了解決問題的步驟。
參賽團隊每解決一個問題時，就會得到一個吹起的氣球

　　我們無法列出世上所有的程式設計競賽名稱和競賽網址。就算有可能，這張清單也會很快就過時。但無論如何，我們在這裡還是要簡單介紹一下最重要的幾個程式設計競賽。

---

1 [譯者註] 用於呈現題目的構思和程式碼測試。

ACM/ICPC 程式設計競賽

這是歷史最悠久的競賽，由國際電腦協會（ACM）從1977年開始舉辦。競賽名稱為「國際大學生程式設計競賽」（ICPC），以巡迴賽的方式進行。巡迴賽在法國站的起點則是西南歐洲地區競賽（SWERC）。地區競賽的前兩名有資格進入全球決賽。這個競賽的特點是每隊由3位成員組成，並共用一台電腦。參賽隊在5個小時內從10個問題當中盡可能去挑戰全部的問題。排名的第一個依據是答案被接受的數量（答案會用不公開的案例進行測試）；排名的第二個依據是解決問題所耗費的時間，耗時以開始解題到提交答案的時間長度為準。提交一個錯誤答案會被罰時20分鐘。

組成一個優秀團隊有很多種方式。一般來說，至少需要一位優秀的程式師和一位優秀的數學家，以及一位擅長不同領域的專家，例如圖論、動態規劃等。他們需要在承受巨大壓力的前提下通力合作。在競賽中，參賽者可以用8級字體列印25頁的原始程式碼作為參考。參賽者還可以存取Java應用程式設計開發介面（API）的線上文件，以及C++的線上標準函數庫文件。

Google Code Jam 程式設計競賽

國際電腦協會的程式設計競賽僅限碩士及以下學歷的學生參加，和它不同的是，Google Code Jam程式設計競賽對所有人開放。競賽每年一度，舉辦歷史較短，而且僅限個人參賽。每個問題通常會包含一系列簡單實例，解答這些實例就可以得到一定的分數。同時，問題還包含一系列步驟複雜的實例，這需要真正找到擁有合適複雜度的演算法來解決。直到競賽結束，參賽者才能得知步驟較複雜的實例是否最終被接受了。這個競賽的優勢在於，參賽者在競賽結束後可以查閱其他參賽者提交的解決方案，這種方式有非常強的指導作用。Facebook Hacker Cup程式設計競賽也採取類似形式。

Prologin 程式設計競賽

　　法國每年為20歲以下的學生舉辦一場Prologin程式設計競賽。競賽過程分為三個階段——線上篩選、地區賽和決賽，以考察參賽者解決演算法問題的能力。最終決賽是一場不同尋常的36小時競賽，參賽者需要解決一個人工智慧問題。每個參賽者必須編寫一個遵循設計者所制定規則的遊戲程式，然後以循環賽的形式讓遊戲程式彼此對決，以此來決定參賽者的成績排名。競賽官網上prologin.org對此有詳盡的解釋，我們也可以在這裡測試自己的演算法。

France-ioi 程式設計競賽

　　France-ioi協會旨在輔助法國初中生和高中生準備國際資訊學奧林匹克競賽。從2012年起，協會每年舉辦「河狸電腦科學競賽」（競賽的吉祥物是一隻河狸），從國中一年級到高中三年級的學生均可參加。2014年，全法國有22.8萬名參賽者。協會官網france-ioi.org彙集了1000多個有代表性的演算法題目。

　　除了上述以外，也有大量以篩選求職者為目的而舉行的程式設計競賽。例如TopCoder網站不僅進行測試，也會對演算法進行詳細解釋，有時其講解的品質極高。如果讀者希望訓練程式設計能力，我們特別推薦Codeforces，這是一個備受競賽群體推崇的網站，對問題的解釋總是清晰而仔細。

1.1.1　線上學習網站

　　很多網站提供歷年各大競賽考古題，並可線上測試答案，供大家學習訓練。Google Code Jam程式設計競賽和Prologin程式設計競賽的官網也提供此類功能。但是，ACM/ICPC每年的競賽題目卻沒有統一歸納。

傳統的線上訓練和裁判網站

下列網站uva.onlinejudge.org、icpcarchive.ecs.baylor.edu和 livearchive.onlinejudge.org總結了大量的ACM/ICPC程式設計競賽 的試題和答案。

高階語言演算法的訓練和裁判網站

spoj.com（Sphere Online Judge）網站接受使用者使用更多種程式 設計語言提交問題的解決方案，其中包括Python。

在本書配套網站tryalgo.com中，讀者可以找到應用本書各章講解的 知識和技巧來解決的問題，在實踐中檢驗從書中學到的演算法知識。

程式設計競賽主要使用的程式設計語言是C++和Java語言。Google Code Jam程式設計競賽接受所有程式設計語言，因為解題過程是參賽 者在本地開發環境中完成的。除此之外，上面提到的線上訓練和裁判 網站SPOJ也接受Python語言的解答方案。為了解決因程式設計語言 不同而導致的程式執行時間的差異問題，線上訓練和裁判網站對使用 不同程式設計語言的解答方案給出了不同的時間限制。但是，這種平 衡策略並非總是準確的，而且，用Python語言完成的解題方案經常不 能被正確執行。我們希望這種情況在未來幾年能夠有所改善。某些線 上訓練和裁判網站仍在使用Java語言的舊版本，導致有些很實用的類 別無法使用，如Scanner類別。讀者在使用這些網站的時候，應當注意 版本相容問題。

1.1.2 線上裁判的返回值

當一段程式碼提交給線上訓練和裁判網站的時候，會被一系列不公 開的測試案例進行測試，測試結果和一段簡要的返回值會回饋給提交 者。返回代碼有以下幾種：

Accepted：已接受狀態

你提交的程式碼在指定時間內給出了正確的結果，恭喜你！

Presentation Error：展示錯誤

程式基本能夠被接受，但顯示了過多或過少的空格或分行符號。這種返回代碼很少出現。

Compilation Error：編譯錯誤

你的程式在編譯過程中出了錯。一般來說，當你點擊這條返回代碼的時候，就能得到錯誤的詳細資訊。你應當比較一下，裁判和自己使用的編譯器版本是否有所不同。

Wrong Answer：錯誤答案

重新讀一遍題目吧，你肯定漏掉了什麼細節？你是否確定已經檢查了所有的邊界條件？你是否在程式碼中遺留了除錯程式碼？

Time Limit Exceeded：執行超時

你的解答方案可能沒有達到足夠最佳化的實作效率，或者程式碼的某個角落裡藏著一個閉合迴圈。檢查迴圈變數，確保迴圈能夠終止。使用一個大規模的複雜測試案例在本地執行測試，確保你的程式碼性能。

Runtime Error：執行階段錯誤

一般來說，這種錯誤源於分母為0的除法運算、陣列索引越界，或者對一個空的堆積執行了pop()方法。其他情況也會產生這條錯誤提示，例如在使用Java語言的解答方案中使用了assert斷言，這種方式在程式設計競賽中一般是不被接受的。

　　除了以上有明確意義的返回代碼，沒有返回代碼的情況也能夠或多或少提供一些資訊，幫助尋找錯誤。以下是一個ACM/ICPC/SWERC競賽中的真實案例。在一道關於圖的題目中，明確指出了輸入資料是連通圖，但某個參賽團隊對此資訊不太確定，於是編寫了一個測試連通性的方法：當這個方法返回true結果，即輸入為連通圖時，程式會進入閉合迴圈（返回執行逾時錯誤）；而當這個方法返回false結果，即輸入為非連通圖時，程式會執行一個分母為0的除法（返回執行階段錯誤）。這種方法可以幫助參賽者探測到某些測試案例輸入的圖並不是題目中的連通圖，進而避免錯誤。註1

1　[譯者註] 這種方法的目的是在程式中故意留一些缺陷，進而透過返回值來猜測輸入資料的具體情況。

1-2 我們的選擇：Python

有鑑於Python程式設計語言的可讀性和使用的簡易性，本書選用它來描述演算法。在工業領域，Python通常用於製作程式的原型。Python也用於如SAGE這類重要的專案系統，因為其中的核心內容大多用實作速度快很多的語言編寫，如C或C++。

現在我們來談談Python程式設計語言的一些細節。在Python中有四個基底資料型別：布林型、整數型、浮點型和字串。與其他大多數的程式設計語言不同，Python中的整數不受位元數限制，而使用高精度計算方式。

Python中的高階資料類型包括字典（dictionary）、串列（list）和元組（tuple）。串列和元組的區別是，元組是不可變資料，因此可以作為字典中鍵值對資料中的鍵。

網路上有很多Python的入門教程，如官網python.org。David Eppstein創建了一個名為「Python演算法和資料結構」（PADS）的元件函數庫，其中也有很好的講解。

在編寫本書程式碼的過程中，我們遵循了PEP8規範。該規範細緻地規定了空格的使用方法、變數命名規則，等等。我們建議讀者也遵循上述規範。

Python 2 還是 Python 3 ？

Python 3.x版本已經於2008年發佈。但直到今天，由於仍有大量的類別函數庫沒有遷移到Python 3.x，使得許多開發工作還繼續停留在Python 2.x版本。儘管如此，我們仍然選擇使用Python 3.x來實作演

算法。Python 2.x和Python 3.x對本書程式碼的主要影響在於print語句，以及整數除法的使用方式。在Python 3.x中，對於兩個整數a和b，運算式a/b會返回除法的浮點型的商，運算式a//b返回的則是兩者的歐幾里得商，即商的整數部分。print 的用法區別在於，在Python 2.x中print是語句，而在Python 3.x中print()是需要使用括弧包圍的參數來呼叫的函數。

如果程式運行存在性能問題，可以考慮使用pypy或pypy3解譯器來執行，因為這些都是即時編譯器。也就是說，Python程式碼會先被翻譯為機器碼，然後才被乾淨而迅速地執行。但pypy的弱點在於它仍處在開發過程中，很多Python類別函數庫尚無法支援。

無窮

Python使用高精度方式進行計算，而不用位元數來限制整數的大小。所以，在Python語言中不存在哪個數可以用來表示正無窮大或負無窮大的值。但對於浮點數，我們可以用float('inf')和float('-inf')來表示正、負無窮大。

一些建議

Python的初學者在複製串列資料時經常犯下一個錯誤。在下面的例子裡，串列B只是一個指向串列A的參照。對B[0]的修改同樣會修改A[0]。

```
A = [1, 2, 3]
B = A
```

當複製一個A的獨立副本時，我們可以使用以下語法格式：

```
A = [1, 2, 3]
B = A[:]
```

語句[:]用以複製一個串列。我們也可以複製一個去掉首元素的串列
A[1:]，或者去掉末尾元素的串列 A[:-1]，或者逆序的串列 A[::-1]。
舉例來說，下面的程式碼會生成一個所有列完全相同的矩陣 M，而對
M[0][0]元素的修改會導致第一列所有元素被修改。

```
M = [[0] * 10] * 10
```

我們可以用下面兩種正確的方式來初始化一個這樣的矩陣：

```
M1 = [[0] * 10 for _ in range(10)]
M2 = [[0 for j in range(10)] for i in range(10)]
```

操作矩陣的簡單方式是使用 numpy 模組，但我們在本書中不使用第
三方的類別函數庫，以便讓程式碼能更方便翻譯成 Java 或 C++ 的程式
碼。

另一個典型錯誤經常發生在使用 range 語句時。例如下面的程式碼會
連續處理串列 A 中 0 至 9 號元素（包括 0 號和 9 號元素）：

```
for i in range(0, 10):        # 包括 0，不包括 10
    treat(A[i])
```

如果想逆序處理上述元素，僅反轉參數是不夠的。語句 range(10, 0,
-1) 中的第三個參數代表迴圈的步長，語句會導致被處理元素中的 10 號
元素被包含在內，而 0 號元素被排除在外。因此需要用以下方式來處
理：

```
for i in range(9, -1, -1):      # 包括 9， 不包括 -1
    treat(A[i])
```

1-3　輸入輸出

1.3.1 讀取標準輸入

在大部分程式設計競賽的題目中，來源資料都需要從標準輸入裝置來讀取，並把輸出顯示到標準輸出設備上。如果輸入檔案名叫test.in，你的程式名叫prog.py，那就可以在控制台執行以下命令，將輸入檔的內容重新導向到你的程式：

```
python prog.py < test.in
```

> `>_`　　　一般來說，在Mac OS X系統中，控制台可以用Command+空格，叫出SpotLight搜索後鍵入Terminal來打開；在windows系統中，使用「開始-執行-cmd」；在Linux系統中，使用快速鍵Alt-F2 。

譯者提示

使用組合快速鍵是個好習慣。在Windows環境下，Windows 7和windows XP系統都可以使用上述方式，而在 Windows 8、Windows 10和Windows Server環境下，建議使用Windows+R複合鍵呼出「執行命令」視窗，再輸入cmd打開控制台，或在Windows 8和Windows 10環境下，直接按Windows鍵打開「開始」功能表，輸入 cmd後Enter，也可以快速打開控制台。

如果你想把程式的輸出記錄到名為test.out的輸出檔中，使用的命令格式如下：

```
python prog.py < test.in > test.out
```

小技巧，如果你想把輸出寫入檔 test.out，同時還要顯示在螢幕上，可以使用以下命令（注意，tee 命令在 Windows 環境下預設是不存在的）：

```
python prog.py < test.in | tee test.out
```

輸入資料檔案可以使用 input() 語句按行讀取。input() 語句把讀取到的行用字串的形式返回，但不會返回行尾的分行符號[註1]。在 sys 模組中有一個類似的方法 stdin.readline()，這個方法不會刪除行尾的分行符號，但根據我們的經驗，它的執行速度是 input() 語句的 4 倍。

如果讀取到的行包含的應當是一個整數，我們使用 int 方法進行類型轉換；如果是一個浮點數，我們使用 float 方法。當一行中包含多個空格分隔的整數時，我們首先使用 split() 方法把這一行拆分成獨立的部分，然後用 map 方法把它們全部轉換成整數。舉例來說，當用空格分隔的兩個整數——高度和寬度，需要在同一行內被讀取時，可以使用以下命令[註2]：

```
import sys
height, width = map(int, sys.stdin.readline().split())
```

如果你的程式在讀取資料時遇到性能問題，根據我們的經驗，可以僅使用一次系統呼叫，把整個輸入檔讀入，速度即可提升 2 倍。在下列語句中，假設輸入資料中只有來自多行輸入的整數，os.read() 方法的參數 0 表示標準輸入流，常數 M 必須是一個大於文件大小的限值。例如，檔案中包含了 10^7 個大小在 0 至 10^9 之間的整數，那麼每個整數最多只能有 10 個字元，而兩個整數中間最多只有兩個分隔符號（\r 和 \n，即 Enter 和換行），我們可以選擇 M = $12 \cdot 10^7$。

```
import os
inputs = list(map(int, os.read(0, M).split()))
```

---

[1] 根據作業系統的不同，分行符號可能是\r或\n，或二者皆有，但使用input() 輸入的時候不需要考慮這個問題。注意在Python2.x中，input() 方法的行為是不同的，同樣，應當使用等價的raw_input()方法。

[2] [譯者註] 以下命令中使用了map及管道概念。

例子：讀取三個矩陣 A、B、C，並測試是否 AB = C

在此例子中，輸入格式如下：第一行包含一個唯一的整數 n，接下來的 $3n$ 行，每行包含 n 個被空格分隔的整數。這些行代表三個 $n \times n$ 矩陣 A、B、C 內包含的所有元素。例子的目的是測試矩陣 A×B 的結果是否等於矩陣 C。最簡單的方法是使用矩陣乘法的解法，複雜度是 $O(n^3)$。但是，有一個可能的解法，複雜度僅有 $O(n^2)$，即隨機選擇一個向量 x，並測試 A(Bx) = Cx。這種測試方法叫作 Freivalds 比較演算法（見參考文獻 [8]）。那麼，程式計算出的結果相等，而實際上 AB ≠ C 的概率有多大呢？如果計算以 d 為模，錯誤的最大概率是 $1/d$。這個概率在多次重複測試後可以變得極小。以下程式碼產生錯誤的概率已經降低至 10^{-6} 量級。

```python
from random import randint
from sys import stdin

def readint():
    return int(stdin.readline())

def readarray(typ):
    return list(map(typ, stdin.readline().split()))

def readmatrix(n):
    M = []
    for _ in range(n):
        row = readarray(int)
        assert len(row) == n
        M. append(row)
    return M

def mult(M, v):
    n = len(M)
    return[sum(M[i][j] * v[j] for j in range(n)) for i in \
    range(n)]
```

```
def freivalds(A, B, C):
    n = len(A)
    x = [randint(0, 1000000) for j in range(n)]
    return mult(A, mult(B, x)) == mult(C, x)

if __name__ == "__main__":
    n = readint()
    A = readmatrix(n)
    B = readmatrix(n)
    C = readmatrix(n)
    print(freivalds(A, B, C))
```

1.3.2 顯示格式

程式的輸出必須使用 print 命令，它會根據你提供的參數生成一個新的行。行尾的分行符號可以透過在參數中傳遞 end="取消掉。為顯示指定小數位數的浮點數，可以使用 % 運算子，方法為「格式 % 值」。第 i 個預留位置會被值清單中的第 i 個值替換。以下例子顯示了一行格式類似「Case#1: 51.10 Paris」的字串：

```
print("Case #%i: %.02f %s" % (testCase, percentage, city))
```

在上面例子中，%i 被整數型變數 testCase 的值所替換，%.02f 被浮點型變數 percentage 的值所替換並保留兩位小數，而 %s 被字串型變數 city 的值所替換。

1-4 複雜度

　　要想寫出高效率的程式，必須先找到一個具有合適複雜度的演算法。複雜度取決於運算時間和輸入資料大小之間的關係。我們用朗道運算式（大 O 符號）來表示不同演算法的複雜度。假設輸入資料或參數的長度為 n，且演算法的運算時間隨 n^2 變化，那麼我們就說這個演算法的複雜度是 $O(n^2)$。

　　對於兩個正值函數 f 和 g，如果存在正實數 n_0 和 c，對於所有 $n \geq n_0$ 都滿足 $f(n) \leq c \cdot g(n)$，則我們藉此定義函數之間的關係，並簡記為 $f \in O(g)$。**由於符號的濫用，也有人寫做** $f = O(g)$。這種記法能夠把函數 f 中的乘法常數和加法常數抽象出來，體現出函數運算時間相對於參數長度的增長速度。

　　同樣，對於常數 n_0 和 c（$c > 0$），如果對於所有 $n \geq n_0$ 都能夠滿足 $f(n) \geq c \cdot g(n)$，則記作 $f \in \Omega(g)$。如果 $f \in O(g)$ 且 $f \in \Omega(g)$，則記作 $f \in \Theta(g)$，它表示 f 和 g 函數擁有相同的時間複雜度。

　　當 c 是一個常數且演算法的複雜度是 $O(n^c)$ 的時候，我們說這個演算法的複雜度和 n 成**多項式時間**關係。當一個問題存在一種演算法解，而且解的複雜度是**多項式時間**的時候，該演算法就是一個需要多項式時間解決的問題。這類問題有一個專門的名稱叫作 P 問題[註1]。遺憾的是，不是所有的問題都存在多項式時間解。還有大量問題，人們尚未找到任何能夠在多項式時間內解決的演算法。

---

[1] [譯者註] 在計算複雜度理論中，P是在複雜度類問題中，可用於決定性圖靈機以多項式量級或稱多項式時間求解 的決定性問題。

　　其中一個問題是布林可滿足性問題（k-SAT）：給定 n 個布林型變數和 m 條語句，每條語句包含 k 個符號（每個符號代表一個變數或其逆值變數），是否有可能為每個變數賦一個布林值（真或假），使得每條語句包含至少一個值為**真**的變數？（SAT 是布林可滿足性問題中語句對符號數量沒有限制的版本。）每一個單獨問題[註1]的特殊性在於，我們能夠在多項式時間內透過評估所有條件，驗證一個潛在的解（變數賦值）能否滿足以上所有限制。當以上條件被滿足的時候，這類問題有個專門的名字叫作 NP 問題[註2]。我們可以很容易在多項式時間內解決 1-SAT，因此 1-SAT 問題屬於 P 問題。2-SAT 同樣也屬於 P 問題，我們將在 6.10 節驗證它。但從 3-SAT 開始，我們就不確定了。我們只知道解決 3-SAT 問題的難度至少和 SAT 問題的難度相當。

　　若恰好 P⊂NP，直觀看來，如果我們能找到一個多項式時間複雜度的解，那就一定可以找到一個非確定性多項式時間複雜度的解。人們認為 P≠NP，但目前這個推測仍然得不到證實。在證實之前，研究者們把 NP 問題簡化，把問題 A 的多項式時間演算法解轉化為問題 B 的解。如此一來，如果 A 問題屬於 P 類別，那麼 B 問題也同樣屬於 P 類別── A 問題的難度和 B 問題的難度「至少是相同的」。至少和 SAT 難度相同的問題集合構成了一個問題的類別，即 NP 困難問題。它們中有一部分既是 NP 困難問題，又屬於 NP 問題，那麼這些問題則屬於 NP 完全問題。無論是誰，只要能在多項式時間內解決其中一個問題，就可以解決其他所有問題。而這個人也會被歷史銘記，同時得到一百萬美元的獎金。目前，為了在可接受的時間內解決這些問題，挑戰者必須專注於那些有助於解決問題的方向和領域（如圖的平面性問題），或者讓程式能用穩定的概率返回結果，或者提出接近最佳解的解決方案。幸運的是，

1　[譯者註] k 取不同值的時候。

2　[譯者註] 非確定性多項式時間的複雜性類別，包含了可以在多項式時間內，對於一個判定性演算法問題的實例，以及一個給定的解是否正確的演算法問題。

那些在程式設計競賽中可能遇到的問題，總體來說都是屬於多項式時間複雜度問題。

在個人程式設計競賽中，參賽者的程式必須在幾秒鐘內產生結果，這只留給處理器執行上千萬或上億次運算的時間。表 1.1 給出了針對不同的輸入資料長度，以及在 1 秒鐘內給出結果的演算法的可接受時間複雜度標準。要注意，這些數字取決於程式設計語言[1] 和執行程式的硬體設備，以及要執行的運算類型，如整數運算、浮點數運算或呼叫數學函數。

表 1.1

輸入數據長度	可接受的複雜度
1000000	$O(n)$
100000	$O(n \log n)$
1000	$O(n^2)$

我們請讀者用簡單程式做一個實驗，測試用不同的 n 值做 n 次乘法所需要的運算時間。我們堅持認為，在朗道運算式中，那些隱藏常數值也可能非常重要，而且有時在實務中，演算法的漸進時間複雜度越大，就越有可能成功。舉個例子，當計算兩個 $n \times n$ 階矩陣乘法的時候，貪婪演算法需要 $O(n^3)$ 次運算，然而 Strassen 發現了一個只需要 $O(n^{2.81})$ 次運算的遞迴演算法（見參考文獻 [26]）。但對於實際要進行的矩陣運算，貪婪演算法顯然更加有效率。

在 Python 中，在串列中添加一個元素所需要的時間是一個常數，同樣的，存取一個指定索引的串列元素所需要的時間也是一個常數。新建一個串列的 $L[i:j]$ 子串列所需要的時間是 $O(\max\{1, j-i\})$[2]。Python 語言中的字典型資料透過雜湊表（hash table）來表示和儲存，在最壞

---

[1] 大致上，C++比Java語言快2倍時間，比Python 快4倍時間。
[2] [譯者註] 跟子串列本身的長度有關。

情況下，存取一個鍵所需要的時間是線性的（由字典中鍵的數量來決定），但實際上存取時間一般是常數。然而這個常數時間是不能忽略的，所以如果字典的鍵值是 0 到 n-1 的整數，最好使用串列功能。

對於某些資料結構，我們使用分攤時間複雜度。例如在 Python 中，一個串列在內部是用表格來呈現的，並有一個**大小屬性**。當用 append 方法將一個新元素加入串列的時候，它會被加入到表格的最後一個元素之後，串列大小屬性加 1。如果表格的容量不足以添加新元素，則會分配一個記憶體空間是原表格大小 2 倍的新表格，並把原表格內容複製進來。同樣的，當對一個空串列連續執行 n 次 append 命令時，每次執行時間有時是常數，有時是與串列大小相關的線性值。但這些 append 方法的執行時間仍然在 $O(n)$ 等級，因為每次執行操作可以分攤一個 $O(1)$ 等級的常數時間。

1-5　抽象類別和基本資料結構

我們將首先講解高效率程式設計的核心內容——程式解決問題的基礎，即資料結構。

抽象類別是關於一系列物件的規範，它歸納了物件可以取的值、可以執行的操作以及操作的具體內容。我們也可以把一個抽象類別理解成物件的統一規格。

資料結構是根據統一規格的定義，為高效率處理特定資料而總結出的具體資料安排方式。因此，我們可以使用一個或多個資料結構來實作一個抽象類別，並設定每個操作的時間複雜度和所需記憶體。如此一來，根據操作被執行的頻率，我們會選擇某一種抽象類別的實作方式來解答不同問題。

為了編寫更好的程式，必須掌握程式設計語言和標準函數庫所提供的資料結構。在下面幾節中，我們來講解一下競賽中最實用的資料結構。

1.5.1　堆疊

堆疊（stack）是把元素組織起來並提供以下操作的物件（圖1.2）：測試一個堆疊是否為空，在其頂部添加一個元素（放入堆疊），從頂部存取並刪除一個元素（取出堆疊）。Python語言的基本類型串列（list）實作了堆疊。我們使用append(element)方法執行放入堆疊操作，使用pop()方法執行取出堆疊操作。如果一個串列被用於布林運算，例如一個if或while語句中的條件測試，語句若且唯若它非空的時候其值為**真**。此外，其他所有實作了__len__方法的物件也是如此。以上所有操作需要的時間都是一個常數。

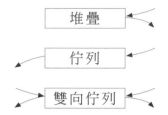

圖 1.2　Python 語言中三種主要的存取序列資料結構

1.5.2　字典

字典能採用表格和索引的方式把鍵和值聯繫起來。其內部運行方式以雜湊表結構為基礎；雜湊表結構使用雜湊演算法把元素與表中的某個索引產生關聯，並在多個元素與同一個索引關聯的時候實作衝突處理機制。在最好的情況下，字典的讀、寫操作時間都是常數。但在最壞的情況下，所需時間是線性的，因為系統必須循序存取一系列鍵和值，以使處理衝突[註1]。在實際應用中，最壞的情況很少發生。在本書中，我們總體上都假設存取一個字典元素的時間是常數。如果鍵值的形式為 $0, 1, \ldots, n\text{-}1$，我們通常建議使用簡單的表格結構而不是字典，令程式效率更高。

1.5.3　佇列

佇列與堆疊類似，差別僅在於向佇列裡添加元素時，元素被加到尾部（入隊），而提取元素時則從佇列頭部開始（出隊）。這種機制也稱作 FIFO（first in, first out，先進先出），就像排隊一樣；而堆疊則被稱作 LIFO（last in, first out，後進先出），就像疊一堆盤子一樣。

---

[1] [譯者註] 循序存取所有擁有同一個索引或雜湊值的鍵，直到找到需要的物件。

在 Python 的標準函數庫中，有兩個類別實作了佇列。第一是 Queue 類別，這是一個同步實作，意味著多個進程可以同時存取同一個物件。由於本書的程式碼不涉及併發機制，我們不推薦使用這個類別，因為它在執行同步的時候使用的訊號機制會拖慢執行速度。第二是 Deque 類別（Double Ended Queue，即雙向佇列），除了提供標準方法，即在尾部使用 append(element) 添加元素和在頭部使用 popleft() 提取元素之外，它還提供了額外方法，在佇列頭部使用 appendleft(element) 添加元素以及在尾部使用 pop() 提取元素。我們把這種佇列稱作**雙向佇列**。這種更複雜的資料結構將在 8.2 節詳細說明：在路徑權重是 0 和 1 的圖中尋找最短路徑演算法中，這種結構非常有用。

我們推薦使用 Deque 類別。但為了舉例說明，以下程式碼展示了如何使用兩個堆疊實作一個佇列的方式。一個堆疊作為佇列頭部，用於提取元素，另一個堆疊作為佇列尾部用於插入元素。當作為頭部的堆疊為空的時候，它會與作為尾部的堆疊相互替換。透過 len(q)，__len__ 方法能獲取佇列 q 中的元素數量，並透過 if q 測試佇列是否為空。幸運的是，這些操作所需時間都是常數。

```python
class OurQueue:
    def __init__(self):
        self.in_stack = []      # 佇列的尾部
        self.out_stack = []     # 佇列的頭部

    def __len__(self):
        return len(self.in_stack) + len(self.out_stack)

    def push(self, obj):
        self.in_stack.append(obj)

    def pop(self):
        if not self.out_stack: # 佇列頭為空
            self.out_stack = self.in_stack[::-1]
            self.in_stack = []
        return self.out_stack.pop()
```

1.5.4 優先順序佇列和最小堆積

優先順序佇列是一個抽象類別資料，能夠添加元素，並取出鍵數最小的那個元素。在生成霍夫曼編碼（見10.1節）和在圖中找到兩個點的最短路徑（見8.3節Dijkstra演算法）時，利用優先順序佇列對一個陣列進行排序（使用堆積排序演算法），十分有用。優先順序佇列通常是透過堆積的方式來實作的，堆積的資料格式類似於一棵樹。

完滿二元樹和完全二元樹

如果一棵二元樹的所有葉子節點與根節點之間的距離都相同，則二元樹被稱作**完滿二元樹**。如果一棵二元樹的所有葉子節點最多位於兩層，所有淺層葉子節點全滿，而最深層的葉子節點集中在最左邊，這就是一棵**完全二元樹**。使用陣列可以很容易表示這樣的樹形結構（圖1.3）。這棵樹索引為 0 的元素被忽略，根節點的索引是 1，節點 i 的兩個子節點是 $2i$ 和 $2i+1$。利用簡單的計算即可操作和巡訪這棵樹。在第10章中，有其他表示樹形結構的資料結構。

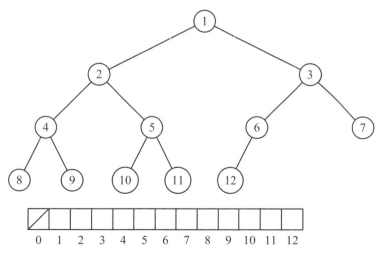

圖 1.3 一棵使用陣列結構表示的完全二元樹

優先順序佇列和堆積

堆積（heap）是一個能檢查元素優先順序的反轉樹狀結構。假如每個節點的鍵值（也就是優先順序）比其子節點小，那這就是一個最小堆積。最小堆積根節點的鍵值一定是堆積中最小的一個。同樣也存在**最大堆積**的概念，即每個節點的鍵值都比其所有子節點的鍵值要大。

人們通常更感興趣的是二元堆積，即完全二元樹。這類資料結構能在對數時間內提取最小元素和插入新元素。整體來說，這裡所講的是有一定**順序**關係的元素集合。堆積也能更新一個元素的優先順序，在使用Dijkstra演算法**尋找**一條向頂端的最短路徑時，這個操作非常有用。

在Python語言中，堆積排列是用heapq模組實作的。這個模組提供了把陣列轉化成堆積的方法，即heapify(table)。而轉化後的陣列仍是前面提到的完全二元樹，唯一的區別是其根節點索引為0的元素非空。這個模組同樣可以插入一個新元素，即heappush(heap,element)，以及抽出最小元素，即heappop(heap)。

相反的，heapq 模組不能修改堆積中的元素值，而這個操作在Dijkstra演算法中可以最佳化時間複雜度。因此，我們推薦下面更完整的實作方式。

實作的細節

相關結構包含了heap陣列結構，儲存著一個純粹意義上的堆積；結構中還包含一個rank字典，用於尋找堆積中元素的索引。主要操作是push和pop。當用push方法插入一個新元素時，元素被當作堆積中最後一個葉子節點加入，然後，堆積會根據其排序規則重新組織。使用pop方法可以提取最小元素，根節點被堆積的最後一個葉子節點所替換，然後堆積會再次根據自身規則重新組織。圖1.4呈現了這個過程。

操作__len__返回堆積的元素數量。這個操作透過Python隱式地把一個堆積轉換成一個布林值，例如，在堆積h非空的時候，可以將while h這樣的判斷語句作為繼續迴圈的條件。

堆積的平均複雜度是$O(\log n)$，但在最差情況下，由於使用了字典rank，複雜度會增加到$O(n)$。

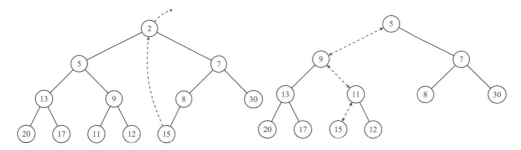

圖 1.4　pop 操作移除並返回堆積的數值2，並用末端的葉子節點15替換。
然後down 操作執行一系列交換，將15移動到符合堆積規則的位置[註1]

```python
class OurHeap:
    def __init__(self, items): self.n = 0
        self.heap = [None]         # index 0 會被替換
        self.rank = {}
        for x in items :
            self.push(x)

    def __len__(self):
        return len(self.heap) - 1

    def push(self, x):
        assert x not in self.rank i
        = len(self.heap)
        self.heap.append(x)         # 添加一個新的葉子節點
        self.rank[x] = i
        self.up(i)                  # 保持堆積排序

    def pop(self):
```

---

[1]　[譯者註] 圖中是一個最小堆積，其中每個節點的鍵值一定小於其所有子節點，因此會根據此規則執行替換。

```
        root = self.heap[1]
        del self.rank[root]
        x = self.heap.pop()          # 移除最後一個葉子節點
        if self:                     # 堆積非空
            self.heap[1] = x         # 移動到根節點
            self.rank[x] = 1
            self.down(1)             # 保持堆積排序
        return root
```

堆積的重新組織透過up(i)和down(i)操作實作：當一個索引為i的元素比其父節點小，此時用up操作；當元素比其子節點大，則用down操作。因此，up操作讓某節點完成與其父節點的一系列交換，直到滿足堆積的規則。而down操作的效果類似，用於節點及其子節點的交換。

```
    def up(self, i):
        x = self.heap[i]
        while i > 1 and x < self.heap[i // 2]:
            self.heap[i] = self.heap[i // 2]
            self.rank[self.heap[i // 2]] = i
            i //= 2
        self.heap[i] = x          # 找到了插入點
        self.rank[x] = i

    def down(self, i):
        x = self.heap[i]
        n = len(self.heap)
        while True:
            left = 2 * i          # 在二元樹中下降
            right = left + 1
            if right < n and \
                self.heap[right] < x and self.heap[right] < \
                self.heap[left]:
                    self.heap[i] = self.heap[right]
                    # 提升右側子節點
                    self.rank[self.heap[right]] = i
                    i = right
            elif left < n and self.heap[left] < x:
                    self.heap[i] = self.heap[left]
                    # 提升左側子節點
                    self.rank[self.heap[left]] = i
```

```
            i = left
        else:
            self.heap[i] = x        # 找到了插入點
            self.rank[x] = i
            return

def update(self, old, new):
    i = self.rank[old]              # 交換索引為 i 的元素
    del self.rank[old]
    self.heap[i] = new
    self.rank[new] = i
    if old < new:                   # 保持堆積排序
        self.down(i)
    else:
      self.up(i)
```

1.5.5　聯合尋找集合

定義

聯合尋找集合（Union-find）這種資料結構儲存了一系列 V 字形集合（分片），並能完成一些指定操作。這些操作在動態資料結構中**也**被稱為**查詢**。

—find(v)返回元素v所在集合內的一個特定元素。如果想檢驗元素 u 和元素v是否在同一個集合中，只需比較 find(u) 和 find(v)。

—union(u,v)合併分別包含 u 和 v 的兩個集合。

應用

這種資料結構主要應用於檢測圖的元素連通性（見6.6節）。每次添加路徑都呼叫一次union和find，以此測試兩個頂點是否在同一個集合中。聯合尋找集合還可用於Kruskal演算法對最小生成樹的判斷（見10.4節）。

資料結構對每個查詢所需的時間基本為常數

我們把集合中的有向樹元素指向一個特定元素（圖1.5）。每個v元素有一個指向樹中更高層級節點的引用parent[v]。根節點v是集合的特定元素，在parent[v]中用一個特殊值來標注，我們可以選擇0或-1，或在值相關情況下選擇v元素本身。整個元素的大小保存在陣列length[v]中，其中v是特定元素。在這個資料結構中有兩個概念。

1. 當朝向根節點巡訪一個元素的時候，我們將藉機壓縮路徑；也就是說，把巡訪路徑上的所有節點直接掛在根節點上。

2. 當執行合併操作union的時候，我們把序列最低的樹掛在階度最高的樹的根節點上。一棵樹的**階度**指的是在樹沒有被壓縮時，本應有的深度。

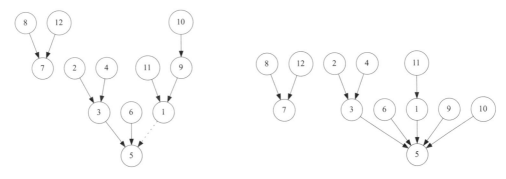

圖 1.5　左圖：聯合尋找集合結構包含兩個集合 {7, 8, 2} 和 {2, 3, 4, 5, 6, 9, 10, 11}。
右圖：當執行操作find(10)時，指向根節點的路徑上的所有節點都直接指向根節點5。
這種機制對將來執行節點的 find 操作有加速作用

於是我們得到以下程式碼：

```python
class UnionFind :
    def __init__(self, n):
        self.up = list(range(n))
        self.rank = [0] * n

    def find(self, x):
        if self.up[x] == x:
```

```
        return x
    else:
        self.up[x] = self.find(self.up[x])
        return self.up[x]

def union(self, x, y):
    repr_x = self.find(x)
    repr_y = self.find(y)
    if repr_x == repr_y:        # 已在同一個集合中
        return False
    if self.rank[repr_x] == self.rank[repr_y]:
        self.rank[repr_x] += 1
        self.up[repr_y] = repr_x
    elif self.rank[repr_x] > self.rank[repr_y]:
        self.up[repr_y] = repr_x
    else:
        self.up[repr_x] = repr_y
    return True
```

可以證明，對於一個大小為 n 的集合，任何 m 次 union 或 find 操作所需要的時間複雜度都是 $O((m+n)\ \alpha(n))$，其中 α 是 Ackermann 函數的反函數，一般可以視為常數 4。

1-6 技術

1.6.1 比較

在Python語言中，元組比較常採用字典序。例如，這種方式能找到一個陣列中的最大元素，同時還能找到它的索引，當有重複值的時候取最大的索引。

```
max((tab[i], i) for i in range(len(tab)))
```

舉例來說，為了找到一個陣列中的多數元素（majority element），我們可以用字典來統計每個元素的出現次數，並用以上程式碼來選擇其中的多數元素。這種實作方式的平均時間複雜度是$O(nk)$；而在最差情況下，由於使用了字典，時間複雜度是$O(n^2k)$。其中n是給定輸入的單詞數量，而k是一個單詞的最大長度。

這裡順便講一下，字典資料類型的使用方式儲存鍵值對(key, value)。一個空字典用 {} 來表示。測試一個字典中是否存在鍵的方法是 in 和 not in。下面程式碼中的 for 迴圈可以巡訪字典中所有的鍵來完成搜尋。

```
def majority(L):
    compute = {}
    for word in L:
        if word in compute:
            compute[word] += 1
        else:
            compute[word] = 1
    valmin, argmin = min((-compute[word], word) for word in \
    compute)
    return argmin
```

1.6.2 排序

Python 語言中包含 n 個元素的陣列排序的時間複雜度是 $O(n\log n)$。排序分為以下兩種：

—sort() 排序：這個方法會直接修改被排序的串列內容，稱為「原地」修改。

—sorted() 排序：這個方法會返回相關串列的一個排好序的副本。假設包含 n 個整數的陣列 L，我們想在其中找到兩個差值最小的整數。為了解決這個問題，可以先對陣列 L 進行排序，然後對其進行巡訪，最終找到數值最接近的兩個整數。使用 min 方法結合字典排序法，可以找到集合中的多組整數對。同樣，valmin 變數包含著陣列 L 中兩個連續元素的最小差值（即陣列 L 中兩個值最近的數的差值）；argmin 變數則是這兩個數中較大一個數的索引。

```python
def closest_values(L):
    assert len(L) >= 2
    L.sort()
    valmin, argmin = min((L[i] - L[i - 1], i) for i in \
    range(1, len(L)))
    return L[argmin - 1], L[argmin]
```

在最差情況下，對 n 個元素排序所需的時間複雜度是 $\Omega(n\log n)$。為了證明這一點，我們假設有一個包含 n 個不同整數的陣列。演算法必須在 $n!$ 種可能序列中找到一種排好的序列。每次比較會返回兩種可能中的一個值（更大或更小），並把結果空間切分為兩部分。最終，在最壞情況下，需要 $[\log_2(n!)]$ 次比較才能找到這個特定序列，進而得到複雜度的下限 $\Omega(\log(n!)) = \Omega(n\log n)$。

變形

在某些情況下，我們可以在 $O(n)$ 時間內對一個包含 n 個整數的陣列進行排序。例如，一個陣列內的所有整數全部在 0 到 cn 範圍內，其中 c 是任意實數。我們只需巡訪輸入，在一個大小為 cn 的陣列 count 中計算每個元素的出現次數；然後使用索引降序巡訪 count，就可以得到一個包含了 0 到 cn 的值的輸出陣列。這種排序方法稱為「計數排序」（counting sort）。

1.6.3 掃描

眾多幾何學問題都可以用掃描演算法來解決。許多關於區間（interval），也就是一維幾何物件的問題也一樣。掃描演算法旨在從左往右地巡訪輸入元素，並對每個遇到的元素做特定處理。

例子：區間交叉

對於給定的 n 個區間 $[l_i, r_i)$，其中 $i = 0,...,$ n-1，我們希望找到一個 x 值，它被最多的區間包括。以下是一個時間複雜度為 $O(n\log n)$ 的解決方案。我們把所有極限值一起排序，然後用一個假想的指標 x 從左到右巡訪這些極限值；再用一個計數器 c 來記錄只看到起始值卻看不到終止值的區間的數量，於是，最後這個區間數量就包含了 x。

注意，B 元素的處理順序確保每個區間的終止值，在區間的起始值之前得到處理，這對我們處理的右側半開放區間的情況非常必要。

```python
def max_interval_intersec(S):
    B = ([(left,  +1) for left, right in S] +
         [(right, -1) for left, right in S])
    B.sort()
    c = 0
    best = (c, None)
```

```
for x, d in B:
    c += d
    if best[0] < c:
        best = (c, x)
return best
```

1.6.4 貪婪演算法

我們在這裡要介紹一種構成貪婪演算法的主要演算法技巧。籠統來說，這種演算法在尋找解決方案的每個步驟中都選擇了一個讓局部結果最大化的參數。比較正式的說法是，這種演算法透過擬陣組合結構，能夠證明貪婪演算法的最佳化和不最佳化程度。我們在本節就不對此展開討論了（見參考文獻 [21]）。

例子：最小點積

我們使用一個簡單的例子來介紹這種演算法。對於兩個給定的向量 x 和 y，它們均由 n 個正整數或空組成，首先需找到一種元素的排列 $\pi\{1,\ldots,n\}$，使得 $\sum_i x_i y_{\pi(i)}$ 最小。

應用

假設以映射方式將 n 項任務交給 n 個工人完成，也就是說，每項任務必須分別分配給不同的工人。每項任務都有一個完成小時數，每個工人都有一個按每小時計算的工資數。目標是，找到一種排列方式，使得支付給工人的工資總數最少。

時間複雜度為 $O(n\log n)$ 的演算法

既然最佳解決方案是對 x 和 y 採用同一種排列，在不失普適性的情況下，我們可以假設 x 已經按升序排列好。假設有一個答案把 x_0 和一個

最大元素 y_j 相乘，對於索引 k 且當 $y_i < y_j$ 時，有一個確定排序 π，使得 $\pi(0)=i$ 且 $\pi(k)=j$。我們會發現，$x_0 y_i + x_k y_j$ 大於或等於 $x_0 y_i + x_k y_j$，這意味著，在沒有額外成本的情況下，π 可以變換為 x_0 乘以 y_i。證明過程如下，注意這裡的 x_0 和 x_k 都是正數或為空。

$$x_0 \leqslant x_k$$

$$x_0(y_j - y_i) \leqslant x_k(y_j - y_i)$$

$$x_0 y_j - x_0 y_i \leqslant x_k y_j - x_k y_i$$

$$x_0 y_j + x_k y_i \leqslant x_0 y_i + x_k y_j$$

透過重複操作截斷參數，從 x_0 中截斷出向量 x，並從 y_j 中截斷出向量 y，我們發現，當 $i \to y_{\pi(i)}$ 且 $y_{\pi(i)}$ 為逆序的時候，結果最小。

```python
def min_scalar_prod(x, y):
    x = sorted(x)  # 得到排好序的副本
    y = sorted(y)  # 提前準備參數
    return sum(x[i] * y[-i - 1] for i in range(len(x)))
```

1.6.5 動態規劃演算法

動態規劃演算法如同程式師隨身攜帶的瑞士刀，是一項必備的工具。其構思是把問題分解成若干子問題，並基於子問題的解決方案找到原始問題的最佳解。

一個經典例子就是計算斐波那契數列第 n 個數的演算法。斐波那契數列以下列遞迴方式定義：

$$F(0) = 0$$

$$F(1) = 1$$

$$F(i) = F(i\text{-}1) + F(i\text{-}2)$$

例如在我們爬樓梯的時候，這個演算法可以計算在一次登上 1 或 2 級台階的情況下，登上 n 級台階有多少種走法。使用遞迴方式計算 F 效率很低，因為對於相同的參數 i，$F(i)$ 需要進行多次計算（圖 1.6）。而以動態規劃演算法作為解決方案時，只需簡單地把 $F(0)$ 到 $F(n)$ 的數值儲存在一個大小為 $n + 1$ 的陣列中，並按照索引升序填充陣列。如此一來，在計算 $F(i)$ 時，$F(i\text{-}1)$ 和 $F(i\text{-}2)$ 的值已經被計算好，並儲存在陣列相應的位置上。

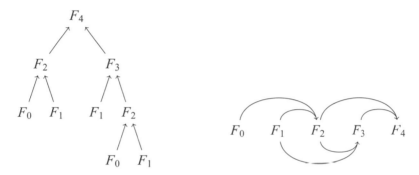

圖 1.6 左邊使用樹狀結構的窮舉法實作斐波那契數列 $F(4)$ 的計算過程。
右邊採用動態規劃演算法計算依賴值[註1]的方式構成了一個有向無環圖，大幅減少了節點數量[註2]

1.6.6 用整數編碼集合

這是一種用一群集合編成整數的高效率演算法，集合中元素都是介於 0 至 k 的 63 次方[註3] 範圍內的整數。更準確地說，是使用二進位轉換的方式把子集編碼成特徵向量。編碼方式如下表所示。

---

[1] [譯者註] 即計算 $F(i)$ 時候的 $F(i\text{-}1)$ 和 $F(i\text{-}2)$。

[2] [譯者註] 左圖中每個非葉子節點的值都是透過兩個子節點的值計算得來，相同值的節點被多次重複計算；而右圖採用動態規劃演算法，每個節點僅需被計算一次，減少了重複計算的次數。

[3] 這個數字是來自Python的整數。由於Python的整數一般儲存在一個機器字中，而這個機器字的長度，如今一般是64個位元。

表 1.2

值	表達式	解釋
$\{\}$	0	空集合
$\{i\}$	$1 << i$	這個值代表 2^i
$\{0, 1, \cdots, n-1\}$	$(1 << n) - 1$	$2^n - 1 = 2^0 + 2^1 + \cdots + 2^{n-1}$
$A \cup B$	$A \mid B$	代表邏輯運算子或
$A \cap B$	$A \& B$	代表邏輯運算子且
$(A \backslash B) \cup (B \backslash A)$	$A \wedge B$	代表還輯運算子互斥或
$A \subseteq B$	$A \& B == A$	測試是否包含
$i \in A$	$(1 << i) \& A$	測試是否屬於集合
$\{\min A\}$	$-A \& A$	如果 A 為空，此表達式的值為 0

　　圖1.7中給出了最後一個運算式的證明過程。這個運算式在迴圈計算一個集合的基數[1] 時非常有用。但不存在等價算式來獲取集合的最大值。

　　我們來看一個經典問題如何應用這個編寫技巧。

獲取用整數編碼的集合{3, 5, 6}中的最小值，這個整數是 $2^3+2^5+2^6=104$。

64+32+8=104　　　　01101000

　　　　104 的補數　　10010111（每位元二進制取反）

　　　　　　　-104　　10011000

-104&104 = 8　　　　00001000（兩個二進位數字做且的運算）

結果是 2^3，進而找到單元素集{3}

圖 1.7　獲取集合的最小值

例子：平均分三份

定義

　　假設有 n 個整數 $x_0, \ldots, x_{n-1}$，現要把這些數平均分配到 3 個集合中，且每個集合中的整數和相同。

---

[1] [譯者註] 即集合中包含元素的個數。

窮舉方式時間複雜度為 $O(2^{2n})$ 的貪婪演算法

構思是枚舉所有**不相交子集** $A, B \subseteq \{0, \dots, n\text{-}1\}$，並比較 $f(A)$、$f(B)$、$f(C)$，其中 $C = \{0, \dots, n\text{-}1\} \backslash A \backslash B$ 且 $f(S) = \sum_{i \in S} x_i$。這種實作方式不需要維護和比較 C 集合，只需證明 $f(A) = f(B)$ 且 $3f(A) = f(\{0, \dots, n\text{-}1\})$。

```
def three_partition(x):
    f = [0] * (1 << len(x))
    for i in range(len(x)):
        for S in range(1 << i):
            f[S | (1 << i)] = f[S] + x[i]
    for A in range(1 << len(x)):
        for B in range(1 << len(x)):
            if A & B == 0 and \
              f[A] == f[B] and 3 * f[A] == f[-1]:
                return(A, B, ((1 << len(x)) -1) ^ A ^ B)
    return None
```

這種演算法還有另一種應用：使用四則運算來計算指定值（見 15.5 節）。

1.6.7　二分搜尋法

定義

假設 f 是一個布林函數，即值在 $\{0,1\}$ 範圍內的函數，且有以下規律：

$$f(0) \leqslant \dots \leqslant f(n\text{-}1) = 1$$

現在要找到最小的實數 k 使得 $f(k)=1$。

時間複雜度為 $O(\log n)$ 的演算法

在一個區間 $[l, h]$ 中搜尋，起初 $l=0$，$h=n\text{-}1$。然後用區間的中間值 $m = \lfloor (l+h)/2 \rfloor$ 來測試函數 f。根據前面的計算結果，搜尋空間縮小為 $[l, m]$ 或 $[m+1, h]$。注意，在計算 m 的時候向下取整，這樣，第二個區間

就永遠不會為空，第一個區間也是。在 $[\log_2(n)]$ 次反覆運算後，即搜查區間縮小為單元素的時候，搜尋會結束。

```python
def discrete_binary_search(tab, lo, hi):
    while lo < hi:
        mid = lo + (hi - lo) // 2
        if tab[mid]:
            hi = mid
        else:
            lo = mid + 1
    return lo
```

類別函數庫

Python 標準模組 bisect 中提供了二分搜尋法演算法，所以在某些情況下，我們不需要自己來實作。假設有一個陣列 tab，由 n 個已排序好的元素組成。現在要為新元素 x 找到插入點[註1]，那麼需要執行 bisect_left(tab,x,0,n)，而其返回值就是第一個滿足 tab[i]$\geq x$ 的陣列元素的索引 i。

連續域

這種技術同樣可以用在以下情況：函數 f 的區間為連續，且希望找到最小值 x_0，使得對於所有 $x \geq x_0$，都有 $f(x)=1$。此時，時間複雜度取決於 x_0 需要的精確度。

```python
def continuous_binary_search(f, lo, hi):
    while hi - lo > 1e-4:          # 這裡設定精確度
        mid = (lo + hi) / 2.      # 浮點數除法
        if f(mid):
            hi = mid
        else:
```

---

1 [譯者註] 插入的位置要滿足排序規則。

```
        lo = mid
    return lo
```

無上界的連續域搜尋

假設 f 是一個單調布林函數，$f(0)=0$，且保證存在整數 n，使得 $f(n)=1$。最小的整數 n_0 使得 $f(n_0)=1$，即使不存在搜尋所需要的上限，也可以在時間 $O(\log n_0)$ 內找到 n_0 [1]。起初，我們設 $n=1$；當 $f(n)=0$ 時，我們把 n 翻倍。一旦找到整數 n 使得 $f(n)=1$ 時，我們就採用常用的二分搜尋法。

三分搜尋法

假設函數 f 在 $\{0,\dots,n\text{-}1\}$ 區間內先遞增，後遞減，而我們要找到其中的最大值。在這種情況下，把搜尋區間 $[l,h]$ 拆分成三塊，即 $[l,a]$、$[a+1,b]$ 和 $[b+1,h]$，這樣比拆成兩塊更簡單。透過比較 $f(a)$ 和 $f(b)$ 的值，可以判斷 $[1,b]$ 和 $[a+1,h]$ 中的哪個區間包含要找的最大值。這種演算法需要的反覆運算次數是對數 $\log_{3/2} n$。[2]

在區間 $[0,2^k)$ 中的搜尋

如果搜尋區間的大小 n 是 2 的次方，僅使用位元操作中的位移運算和互斥或運算，就可以對普通二分搜尋法進行少許最佳化。我們從陣列的最後一個元素的索引開始。這個元素的二進位格式是長度為 k 的一列 1。對於每個要測試的位元，我們把它替換成 0，即可得到用於巡訪整

---

[1] [譯者註] 單調函數又稱增函數或減函數。這裡的布林函數 f 的值從 0 增加到 1，因此是增函數。如果 n_0 是使 $f(n_0)=1$ 的最小值，對於單調函數 f 一定存在一個 $n_1 > n_0$，有 $f(n_1)=1$，且 n_0 和 n_1 間的所有值 n_x 都有 $f(n_x)=1$，這就很容易找到 n_0。

[2] [譯者註] 注意，比較 $f(a)$ 和 $f(b)$ 後反覆運算搜尋的區間不是最開始拆分開的左、中、右三個區間中的一個，而是左 + 中或中 + 右兩個區間中的一個。畫個圖就很容易理解了。

個陣列的索引 i，而測試 tab[i] 的真偽，即可完成搜尋。

```python
def optimized_binary_search(tab, logsize):
    hi = (1 << logsize) - 1
    intervalsize = (1 << logsize) >> 1
    while intervalsize > 0:
        if tab[hi ^ intervalsize]:
            hi ^= intervalsize
        intervalsize >>= 1
    return hi
```

逆函數

對於連續且嚴格單調函數 f，一定存在一個逆函數 f^{-1}，後者也是單調的。假設函數 f^{-1} 的計算比函數 f 簡單許多，當給定一個值 x 的時候，我們可以借用它來完成對 $f(x)$ 的計算。其實，只要找到最小值 y 使得 $f^{-1}(y) \geqslant x$ 就可以了[1]。

例子：填充蓄水池

某個連通容器系統由 n 個瓶壁高度不同的容器互相連通組成，我們想計算將系統的液位提升到一個指定高度所需注入的水量。或者，假設向系統中注入體積為 V 的液體，想確定系統的液面高度，可以使用以下方式[2]：

```python
level = continuous_binary_search(lambda level: volume(level) >=
V, 0, hi)
```

---

[1] [譯者註] 這裡還是在說找單調函數裡面最小最大值的問題。

[2] [譯者註] 這裡呼叫的 continuous_binary_search 方法是在前文「連續域搜尋」中定義的，可以理解為 先往容器系統中傾倒液體，多了就減半再試，少了就加一半再試，直到找到符合精確度的液體量。

1-7　建議

我們在這裡給出一些建議，幫助讀者更快解決演算法問題，並寫出正確的程式。首先，要學會有組織、有體系地思考。因此，一定不要在尚未清楚理解題目的所有細節之前，僅憑一時衝動就開始編寫程式。如果你在拿起鍵盤之前先冷靜地審視一下，就不會輕易犯下某些錯誤，否則，你很容易寫出一個根本無法實作的方案。

如果有可能，最好在競賽時把讀題和解題的時間分開。多給自己一點時間。在程式碼的注釋中添加問題描述，如果有可能，再加上題目的URL，並明確指出演算法的時間複雜度。在一段時間後，當你回頭再看自己編寫的程式時，一定會欣賞這種做法。尤其，這能讓程式碼保持邏輯嚴密、結構緊湊。儘量使用題目中提到的名詞，以便顯示答案和題目的相關性，因為沒有什麼比除錯變數名稱更沒有實際意義、更讓人難受的事情了。

好好讀題

什麼樣的時間複雜度可以被接受？

注意題目中提出的限制，在實作你的演算法之前做好複雜度分析。

輸入資料是否有條件、有保證？

不要從題目的例子中猜測條件。不要做任何猜測。如果題目中沒有說明「圖是非空的」，那麼某些測試案例中就有可能包含空的圖。如果題目中沒有說「字串不包含空格」，那麼就可能有一個測試案例包含這樣的字串。

使用什麼樣的資料類型？

整數還是浮點數？數字是否有可能是負值？如果你使用Java或C++寫程式，注意要確定中間變數的上限值，選擇使用16位元、32位元或64位元的整數。

哪道問題更簡單？

對於一個需要完成幾個問題的競賽，你應當在開始時快速瀏覽所有題目，分析每道題目的類型，是貪婪演算法、隱式圖還是動態規劃演算法？而後評估題目的難度。把精力集中在那些最簡單且優先順序最高的題目上。在團體競賽的時候，要根據每個參賽者的專業程度來分配題目。留意其他隊伍的進度，也能幫你發現容易解決的簡單題目。

做好計畫

比較題目的例子

畫綱要圖。找到待解決問題與已知問題之間的關聯，如何利用實例的特殊性？

如果可能，利用類別函數庫

掌握經典的二分搜尋演算法、排序和字典等類別函數庫。

使用題目中提到的名詞命名變數

名詞越簡短、表述越清晰越好。

初始化變數

確保在任何新測試案例使用前，所有變數已經被重新初始化。繼續上一個未完成的反覆運算是一個很典型的錯誤。舉例來說，一個程式解決了圖的問題，輸入中包含了很多個測試案例。每個測試案例以兩個整數開始：頂點數量 n 和道路數量 m。接著是兩個大小都是 m 的整數陣列 A 和 B，其中保存了每個案例中道路的頂點。假設我們使用鄰接鏈表來編輯一個圖，對於每個 $i = 0,..., m-1$，把 $B[i]$ 與 $G[A[i]]$ 相加，把

$A[i]$ 與 $G[B[i]]$ 相加。如果鏈表沒有在每次讀入測試案例前被清空,題目中的路徑會累積在一起,形成一個所有圖的交集。

除錯

現在犯錯

這是為了以後能有正確的結果[註1]。

設定和測試更多的測試案例

對於有限制條件的情況(裁判回覆「錯誤答案」)[註2] 和輸入資料很多的情況(裁判回覆「答題超時」或「執行階段錯誤」)[註3],設定更多測試。

解釋演算法

解釋自己的演算法,並向隊友評論程式。你必須能解釋清楚每一行程式碼。

簡化實作

把相似程式碼重新組織和重構。

冷靜審視

先跳到另一道問題上,然後回頭再看,以獲得新的觀點。

比較

比較你的本地開發環境和要運行程式碼的伺服器環境。

---

1 [譯者註] 平時多除錯,多看錯誤資訊,累積找尋錯誤位置的靈感。
2 [譯者註] 此時一般沒有檢查邊界條件。
3 [譯者註] 此時一般是有了閉合迴圈和除0錯誤。

1-8 走得更遠

以下推薦的作品，能幫你更深入地理解本書涉及的內容。

● 基礎演算法：《*Introduction à l'algorithmique Cours et exercices*》（T.H. Cormen, C.E. Leiserson, R.L. Rivest, and C. Stein, The MIT Press: Cambridge, 2009）。

● 更特殊演算法：《*Encyclopedia of Algorithms*》（Editors: Ming-Yang Kao, Springer Verlag, 2008）。

● 流演算法相關深入、廣泛的研究：《*Network Flows: Theory, Algorithms, and Applications*》（R.K. Ahuja, T.L. Magnanti and J.B. Orlin, Prentice Hall, 2011）。

● 幾何演算法：《*Computational Geometry: Algorithms and Applications*》（M. de Berg, O. Cheung, M. van Krevel and M. Overmars, Springer Verlag, 2011）。

● 其他廣受歡迎的參考書：《*Python Essential Reference*》（David M. Beazley, Pearson Education, 2009）和《*Python cookbook*（第三版）》（David M. Beazley, Brian K. Jones，2015 年）。

● 對於準備競賽很有幫助的書：《*Competitive Programming*》（Steven and Felix Halim, Lulu, 2013）。

最後是演算法設計指南《*The Algorithm Design Manual*》（Steven S. Skiena, Springer Verlag, 2009年）。本書最後給出了書中提及的參考文獻，其中包含了圖書和科研論文。但對於大眾來說，論文並不容易接觸到。讀者可以透過Google Scholar或在大學圖書館裡嘗試尋找這些文獻的原文。閱讀本書有時需要配合使用網站 tryalog.org/index-en。

在這裡，讀者不但能找到本書中編寫的 Python 程式，還能找到測試案例的檔案。當然，這些程式和檔案也可以在 Github 和 PyPI 中找到，在 Python 3 環境下使用命令 pip install tryalgo 就可以一步安裝。

Memo

Chapter 2

字串

　　字串處理是演算法領域裡非常重要的內容，其中有些是關於文字處理的，例如語法檢查，有些則關於子字串（子串）；或者更籠統地說，是關於模式（pattern）搜尋的。隨著生物資訊學的發展，出現了DNA序列問題。本章中將介紹一系列我們認為重要的演算法。

　　在電腦系統內，一個字串可以用一個字元的串列來表示。但一般情況下，我們會使用str類別，這個類別在Python語言中類似於一個串列。對於使用Unicode編碼方式的字串，每個字元可以使用兩個位元組來編碼。一般情況下，字元僅用一個位元組表示，並用ASCII碼來編碼：$0 \sim 127$的每個整數代表一個不同的字元，編碼按順序排列，如$0 \sim 9$、$a \sim z$、$A \sim Z$。同樣，如果一個字串只包含大寫字母，我們可以使用$ord(s[i]) - ord('A')$這樣的計算方式找到第i個字元在字母表中的位置。反過來說，第j個（從0開始編號）**大寫字母**可以使用$chr(j+ord('A'))$找到。

　　說到子串，也就是字串的子字串的時候，一般要求字元必須是連續的[註1]，這與更一般的子序列（子字）的定義不同。

[註1] [譯者註] 即中間沒有空格。

2-1　易位構詞

定義

如果對調字元，使得單詞 w 變成單詞 v，那麼 w 就是 v 的易位構詞。假設有一個集合包含了 n 個最大長度為 k 的單詞，現在要找到所有的易位構詞。

輸入：le chien marche vers sa niche et trouve une limace de chine nue pleine de malice qui lui fait du charme

輸出：{une nue}, {marche charme}, {chien chine niche}, {malice limace}.

句子的意思是：「一條狗走向狗窩時遇到一條頑皮的鼻涕蟲，被吸引了過去。」其中某些單詞，如 chien（狗）和 niche（窩）、limace（鼻涕蟲）和 malice（頑皮）等，都是字母相同而順序不同的單詞，輸出得到的是輸入句子中所有易位構詞的集合。

複雜度

以下演算法能在平均時間 $O(nk \log k)$ 內解決問題。而在最壞情況下，由於使用了字典，所需時間複雜度是 $O(n^2 k \log k)$。

演算法

演算法的構思是計算每個單詞的簽名。兩個單詞能得到相同的簽名，若且唯若它們互為易位構詞。這個簽名不過是包含了相同字母的另一個單詞，是把要計算簽名的單詞中的所有字母按順序排列後得到的。

　　演算法使用的資料結構是一個字典，將每個簽名與擁有這個簽名的所有單詞的串列對應起來。

```python
def anagrams(w):
    w = list(set(w))                    # 刪除重複項目
    d = {}                              # 保存有同樣簽名的單詞
    for i in range(len(w)):
        s = ''.join(sorted(w[i]))       # 簽名
        if s in d:
            d[s].append(i)
        else:
            d[s] = [i]
    # -- 提取易位構詞
    reponse = []
    for s in d:                         # 忽略沒有易位構詞的詞
        if len(d[s]) > 1:
            reponse.append([w[i] for i in d[s]])
    return reponse
```

2-2　T9：9 個按鍵上的文字

輸入：2 6 6 5 6 8 7

輸出：bonjour

應用

　　按鍵式行動電話提供了一種有趣的輸入方法，通常被稱作 T9 輸入法。26 個字母分佈在數字 2 ～ 9 的按鍵上，就像圖 2.1 展示的一樣。為了輸入一個單詞，只需按對應的數字鍵就可以了。但是，有時輸入一個相同的數字序列卻可能得到不同的單詞。在這種情況下，就需要用字典來推測最有可能出現的單詞，並把這些單詞擺放在候選詞的首位。

定義

　　這個問題實例的第一部分是一個字典結構，由一系列鍵值對 (m, w) 組成，其中 m 是一個由 26 個小寫字母中部分字母組成的單詞，w 是這個單詞的權重。問題實例的第二部分由輸入序列為 2 ～ 9 的數字組成。對於每個輸入序列，只需要顯示字典中權重最高的一個單詞。假設有一個數字序列使用 T9 輸入法，根據圖 2.1 中的對應關係，輸出單詞為 m，而輸入數字序列 t 是透過將單詞 m 中的每個字母都替換為相關數字得來的。s 是輸入數字序列 t 的前綴，這時，我們就可以定義單詞 m 與 s 相關。例如單詞 bonjour（你好）與數字序列 26 相關，也和數字序列 266 或 2665687 相關。

圖 2.1 一個行動電話鍵盤上的按鍵

複雜度為 $O(nk)$ 的演算法

字典初始化的時間複雜度為 $O(nk)$，而每次查詢的時間複雜度為 $O(k)$。這裡的 n 是字典中的單詞數量，k 是單詞長度的上限。

在第一時間，對於字典中某個單詞的每個前綴 p [註1]，我們要搜尋將 p 作為前綴的所有單詞的總權重，並把總權重存入一個 freq（頻率）字典中。接下來，我們在另一個字典 prop[seq] 中儲存賦予每個給定的 seq 序列的前綴串列。巡訪 freq 中的所有鍵，可以確定權重最大的前綴。此處的關鍵就是 word_code 函數，它能為給定單詞提供相關的輸入數字序列。

為方便閱讀，以下演算法實作的時間複雜度是 $O(nk^2)$。

```
t9 = "22233344455566677778889999"
#    分別對應 abcdefghijklmnopqrstuvwxyz 這 26 個字母

def letter_digit(x):
    assert 'a' <= x and x <= 'z'
    return t9[ord(x)-ord('a')]
```

---

1 [譯者註] 這裡可以理解為，每次用T9輸入法輸入一個新數字的時候，由於尚未輸入完成，輸入數字序列的前幾個數字就是整個輸入序列的前綴。

```python
def word_code(words):
    return ''.join(map(letter_digit,words))

def predictive_text(dico):   # dico 意思為字典
    freq = {}                       # freq[p] = 擁有前綴 p 的單詞的總權重
    for words,weights in dico:
        prefix = ""
        for x in words:
            prefix += x
            if prefix in freq:
                freq[prefix] += weights
            else:
                freq[prefix] = weights
    #    prop[s] = 輸入 s 時要顯示的前綴
    prop = {}
    for prefix in freq:
        code = word_code(prefix)
        if code not in prop or freq[prop[code]] < freq[prefix]:
            prop[code] = prefix
    return prop

def propose(prop, seq):
    if seq in prop:
        return prop[seq]
    else:
        return "None"
```

2-3 使用字典樹進行拼寫糾正

應用

如何把單詞存入一個字典來糾正拼寫呢？對於某個給定的單詞，我們希望很快在字典中找到一個最接近的詞。如果把字典裡的所有單詞存在一個雜湊表裡，單詞之間的一切相近性資訊都將遺失。所以，更好的方式是把這些單詞存入字典樹，字典樹也叫前綴樹或排序樹（trie tree）。

定義

一棵保存了某個單詞集合的樹稱為字典樹。連接一個節點及其子節點的弧線用不同字母標註。因此，字典中的每個單詞與樹中從根節點到樹節點的路徑相關。每個節點都是標記，用於區分相關字母組合究竟是字典中的單詞，還是字典中單詞的前綴（圖2.2）。

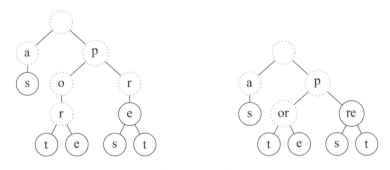

圖 2.2　字典樹

字典樹儲存著法語單詞 as、port、pore、pré、près 和 prêt（但沒有重音符號）。圖中的虛線圈表示子節點[1]；實線圈代表字典中一個完整的單詞。右邊是一個前綴樹代表的相同字典[2]。

拼寫糾正

利用上述資料結構，我們很容易在字典中找到一個與給定單詞距離為 dist 的單詞。這裡的距離以編輯距離（levenshtein distance）來定義，本書 3.2 節有詳細介紹。搜尋方式是只需模擬每個節點的拼寫操作，然後使用參數 dist-1 進行遞迴呼叫。

變形

若某個節點只有一個子節點，就可以合併多個節點，這種結構更精簡。這種節點用單詞標記，而不是用字母標記。圖 2.2 右側的結構更節省記憶體和巡訪時間，被稱為前綴樹（patricia trie）。

```
# 在 python2 中需要參照 letters 函數庫
from string import ascii_letters

class Trie_Node:
    def __init__(self):
        self.isWord = False
        self.s = {c: None for c in ascii_letters}

def add(T, w, i=0):
    if T is None:
        T = Trie_Node()
    if i == len(w):
        T.isWord = True
    else:
        T.s[w[i]] = add(T.s[w[i]], w, i + 1)
    return T
```

---

[1] [譯者註] 這個路徑的字母組合只是一個正確拼寫的單詞前綴。

[2] [譯者註] 右側的樹合併了只有一個子節點的路徑，經過最佳化的結構更簡潔，效率更高。

```python
def Trie(S):
    T = None
    for w in S:
        T = add(T, w)
    return T

def spell_check(T, w):
    assert T is not None
    dist = 0
    while True:                              # 嘗試用越來越長的距離來搜尋
        u = search(T, dist, w)
        if u is not None:
            return u
        dist += 1

def search(T, dist, w, i=0):
    if i == len(w):
        if T is not None and T.isWord and dist == 0:
            return ""
        else:
            return None
    if T is None:
        return None
    f = search(T.s[w[i]], dist, w, i + 1)          # 相關
    if f is not None:
        return w[i] + f
    if dist == 0:
        return None
    for c in ascii_letters:
        f = search(T.s[c], dist - 1, w, i)          # 插入
        if f is not None:
            return c + f
        f = search(T.s[c], dist - 1, w, i + 1)      # 替換
        if f is not None:
            return c + f
    return search(T, dist - 1, w, i + 1)            # 刪除
```

2-4 KMP（Knuth-Morris-Pratt）模式匹配演算法

輸入：lalopalalali lala

輸出：　　　　^

定義

給定一個長度為 n 的字串 s 和一個長度為 m 的待匹配模式字串 t，我們希望找到 t 在 s 中第一次出現時的索引 i。當 t 不是 s 的子串時，返回值應該是 -1。

複雜度：$O(n+m)$，見參考文獻 [19]。

窮舉演算法

這種演算法用來測試所有 t 在 s 中可能出現的位置，並逐一比較字元，檢查 t 是否與 $s[i, \cdots, i + m\text{-}1]$ 相關。最壞情況下的時間複雜度是 $O(nm)$。下面展示了使用窮舉演算法的對比搜尋過程。每一行對應選擇的一個 i，並用字母標示出在選定 i 時的相關字元，若字元不相關就用 × 來標記。

	l	a	l	o	p	a	l	a	l	a	l	i
0	l	a	l	×								
1		×										
2			l	×								
3				×								
4					×							
5						×						
6							l	a	l	a		

在處理 i 後，我們能瞭解字串 s 的大部分內容。利用這些資訊，就不必對例子中的 $t[0]$ 和 $s[1]$ 進行比較了。

演算法

我們把兩個字串 x 和 y 的重疊部分稱為最長單詞，這個最長單詞既是 y 的嚴格後綴，又是 x 的嚴格前綴。在發現 $s[i]$ 和 $t[j]$ 有差異的時候，我們把 t 向 s 的尾部移動（從 0 到 i-1），以便進行後續比較。由於 $s[0,\cdots,1]$ 的前綴是 $t[0,\cdots,j$-1]（最後 j 次比較已經證明了 $s[i$-$j,\cdots,i$-1] 和 $t[0,\cdots,j$-1] 相等），因此 t 向後移動的距離僅由 t 來決定。

我們可以透過預先計算來確定 t 向後偏移的距離。用 $r[j]$ 來記錄 j 減去自身與 $t[0,\cdots,j$-1] 的重疊部分的差值。下面的程式展示了具體實作方式。為了分析複雜度，我們把計算 r 的程式碼和字串匹配的程式碼分開：第一部分程式碼的複雜度是 $\Theta(m)$，第二部分程式碼的複雜度是 $\Theta(n)$。每當 $s[i]$ = $t[j]$ 時，都需要把 j 增加 1；而每次兩者不相等的時候，要把 j 減少 1，因為 $r[j]$ < j。既然 $s[i]$ 和 $t[j]$ 最多只有 n 次相等，而且 j 永遠是非負值，那麼兩者不相等的次數最多也只有 n。

譯者提示

第一步預處理計算了帶匹配的模式字串 t 中，每個子字串的最大前綴和後綴的公共元素長度，即 t 本身包含的重複字元和字元組合。這樣一來，每次匹配失敗時，帶匹配字串不是透過簡單地向後移動一位來繼續搜尋，而是根據預先算好的前綴和後綴的公共元素表來跳過一定數量的字元，以此直接匹配 t 中重複的字串或字母組合，進而提高效率。例如，字串 t 是 ABCAD，字串 s 是 DEABCABABCADE。t 中兩個 A 重複出現，第一次 ABCAD 匹配 ABCAB 在最後一個字元 D 和 B 比較時失敗，此時，我們準確地知道匹配失敗的字元 D 的前一個字元 A 匹配成功了，即 ABCA 都匹配成功了，那麼我們就不再需要比較 s 中的其他字母。也就是説，不是將 t 中的 A 和 s 中的 B 比較，而是直接用已經匹配成功的 t 中的 A 來和 s 中的 A 對齊。再次強調，由於 t 中有兩個 A 重複，而其他字元都不是 A，那麼我們希望匹配 s 中的 A 時，只能用 t 中的兩個 A 中的一個來對齊 s 中的 A，這樣就跳過了一定不相等的 B 和 C 等字元。

```python
def knuth_morris_pratt(s, t):
    assert t != ''
    len_s = len(s)
    len_t = len(t)
    r = [0] * len_t
    j = r[0] = -1
    for i in range(1, len_t):
        while j >= 0 and t[i - 1] != t[j]:
            j = r[j]
        j += 1
        r[i] = j
    j = 0
    for i in range(len_s):
        while j >= 0 and s[i] != t[j]:
            j = r[j]
        j += 1
        if j == len_t:
            return i - len_t + 1
    return -1
```

變形

　　在不增加複雜度的情況下，增加一個很小的變動可以生成一個大小為 n 的布林型陣列 p，它指明了對於每個位置 i，t 是否是 s 在 i 位置的一個子串。概括地說，我們可以計算出一個整數陣列 p，它判斷了對於每個位置 i 是否有最大的 j，使得長度為 j 的 t 的最大前綴字串是 s 在 i 結尾的子字串。這個演算法將在後面介紹。

2-5 最大邊的KMP演算法

搜尋一個字串的最大邊，也可以協助我們解決字串的模式匹配問題。這個演算法的基本思想與 K M P 模式匹配演算法相同，但使用了更多技巧，因此實作方式也更簡潔。

定義

當字串 w 的某個子字串同時是 w 本身的嚴格前綴和嚴格後綴時，我們把該子字串稱作字串 w 的邊，且將最大邊記為 $\beta(w)$。舉例來說，字串 ababab a 的邊有 aba、a 和空字串 ε。對於一個給定字串 $w = w_0, \cdots, w_{n-1}$，現在要計算 w 的每個前綴的最大邊，也就是計算這些邊的長度，因為 w 的前綴的邊同時也是 w 的前綴。因此，我們也可以快速找到前綴長度的序列 $l_i = |\beta(w_0, \cdots, w_{i-1})|$。

關鍵測試

按照邊的構思來觀察一個遞迴結構：假設 u 是 v 的邊，而 v 是 w 的邊，那麼 u 同時也是 w 的邊。用 β 對一個字串 w 進行迭代運算，就能得到 w 所有的邊。例如，對於 $w =$ baababa，可以得到 $\beta(w) =$ aba，$\beta(\beta(w)) =$ a，以及 $\beta^3(w) = \varepsilon$。

演算法

假設已知字串 w 的前 i 個前綴的最大邊，即已知前綴 $u = w_0, \cdots, w_{i-1}$（也就是說，子字串 $w_0, \cdots, w_{i-1}$ 拼接而成的字串 u）。讓我們先考慮前綴 ux（更明確地說，x 表示字元 w_i）：其最大邊的形式一定是 vx，其中 v 是 u 的邊（圖 2.3）。我們用 $v_j = \beta^j(u)$ 來記錄字串 u 按長度降序排列的第 j 條

邊，並用 k_j 來記錄這條邊的長度。為此，要從最大邊 $v_1 = \beta(u)$ 開始，在 u 的邊的序列 (v_j) 中尋找 v。為了檢測一個已經是 ux 的後綴的候選邊 $v_j x$ 是否是 ux 的邊，只需確認 $v_j x$ 是否是 ux 的前綴即可。然而，既然 v_j 已經是 u 的前綴（即一條邊），那麼只需要測試緊接著 v_j 後續（也就是在位置 $k_j = |v_j|$）的字元是否是 x。這就又回到了測試 $W_{k_j} = ? x$。如果滿足條件，那麼就找到了 $\beta(ux) = v_j x$，對 ux 的最大邊計算也就完成了。否則，就要測試下一條 $v_{j+1} = \beta(v_j)$，其長度為 $k_{j+1} = |\beta(v_j)| = |\beta(w_0 ... w_{k_j-1})| = \ell_{k_j}$，因為 v_j 恰恰是 w 的前綴且長度為 k_j。如果任何比較都沒有得到想要的結果，就可以確認 $\beta(ux) = \varepsilon$。因為在每次迭代中，我們進行的唯一一次測試，也就是計算 k_{j+1}，只依賴於當前 k_j 的邊長。演算法的實作只需用一個變數 k 來確定陣列 l。

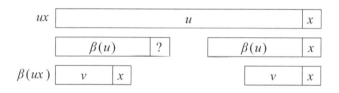

圖 2.3 KMP 字串匹配演算法變形的一個計算步驟

一旦已知 u 的所有邊，我們就知道 ux 的最大邊形式一定是 vx，其中 v 是 u 的邊。如果圖中問號代替的字元是 x，那麼 $v = \beta(u)$，否則就要在 $\beta(u)$ 更短的邊中搜尋 v。

複雜度

有趣的是，這個演算法的複雜度呈線性下降：實際上，while 迴圈迭代的次數永遠都不會超過目前邊長度 k，而每次 k 在 for 迴圈中最多只增加 1。

```
def maximum_border_length(w):
    n = len(w)
    L = [0] * (n + 1)
    for i in range(1, n):
        k = L[i]
```

```
        while w[k] != w[i] and k > 0:
            k = L[k]
        if w[k] == w[i]:
            L[i + 1] = k + 1
        else:
            L[i + 1] = 0
    return L
```

變形

藉助最大邊的串列，我們能解決很多與字串和單詞相關的問題，像是：計算平方子串；確定迴文前綴；判斷兩個單詞 x 和 y 是否共軛，也就是說，格式是否滿足對於單詞 u 和 v 有 $x=uv$ 且 $y=vu$；檢測一個單詞 x 的最小週期[註1]，即單詞 x 和 z 有最大的 k 值，令 $z^k=x$。

關鍵測試

如果字串 u 呈週期性，則 u 的最大邊是 z^{k-1}，其中 k 是當存在一個字元 z 並使得 $u=z^k$ 成立時的最大整數（圖 2.4）。

```
def powerstring_by_border(u):
    L = maximum_border_length(u)
    n = len(u)
    if n % (n - L[-1]) == 0:
        return n // (n - L[-1])
    return 1
```

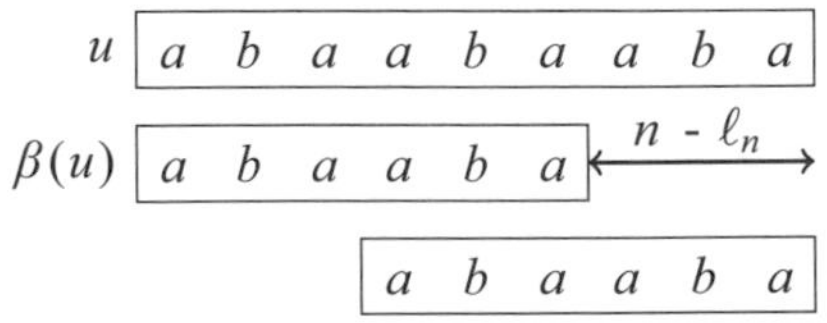

圖 2.4 已知一個週期性字串 u 的最大邊，就能找到其最小週期。假設 n 是字串 u 的長度，如果 $n-l_i$ 能把 n 整除，那麼該字串就是週期性的。而且，若對於字元 z 有 $u=z^k$，那麼其中 k 的最大值是 $n/(n-l_n)$

[註1] [譯者註] 最小子字串重複的最多次數即為最小週期。

應用：在 s 中匹配模式字串 t

我們選擇一個字元 #，它既不在 s 中也不在 t 中。我們關心的是字串 $t\#s$ 的前綴最長邊的長度：首先要注意的是，因為存在字元 #，這個長度絕對不會超過 t 的長度。但是，每當該長度達到 $|t|$ 時，說明我們在 s 中找到了一次 t 的存在。因此，我們可以使用動態規劃演算法確定字串 $t\#s$ 的所有帶有前綴 u 的串列 $l_i=|\beta(u)|$（圖 2.5）。

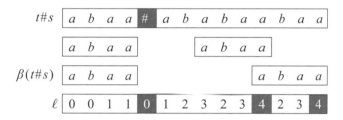

圖 2.5　搜尋最大邊演算法的一次迭代。t 在 s 中每出現一次，都對應著在最大邊l的長度串列中一條長度為 $|t|$ 的邊

備註

所有程式設計語言的標準類別函數庫都會提供一個在字串 haystack 中搜尋模式 needle 的方法[1]。在 Java 8 中，該方法在最壞情況下的時間複雜度是 $\Theta(nm)$，效率低得驚人。讀者可以測試一下，用這個方法計算當 n 變化時，在字串 0^{2^n} 中搜尋 0^n1 所需的時間[2]。

---

[1]　[譯者註] 正如在草堆中搜尋一根針。

[2]　[譯者註] 在2n個0構成的字串中搜尋n個0拼接一個1的字串，這就是前面所說的最壞情況。作者提出這個問題是為了提示讀者，在競賽時使用Java 8的方法可能會降低效率。

2-6　字串的冪次

輸入	輸出
abcd	$=(abcd)^1$
aaaa	$=a^4$
ababab	$=(ab)^3$

應用

假設你獲得一個週期信號的取樣結果，需要找到該信號的最短週期。此問題可以簡化為確定一個最短週期，使得輸入內容總是這個最短週期的多次重複。

定義

設一個字串 x，找到一個最大整數 k，使得存在一個字串 y，令 $x = y^k$。這裡 y 的 k 次方被定義為字串 y 拼接 k 次。問題至少有一個結果，因為 $x = x^1$。

解 k 除以長度 m 等於 x，同時對於 $p = m/k$，x 中每個字元都應該與索引較遠的字元 p 相等，此時 x 被視為**圓周字串**。在圓周字串 x 中，最後一個字串之後的字元被定義為字串 x 的第一個字元。轉動一次字串 x 會把其第一個字元刪掉，並將該字元添加到字串尾部。當轉動操作的執行次數等於字串 x 中的字元個數時，字串 x 變換後仍是字串 x。

線性時間複雜度的演算法

問題變為尋找最小的 p（$p \geq 1$），使得字串 x 在進行 p 次轉動後仍等於 x。這裡要使用圓周字串演算法中的一個經典技巧：在字串 xx（x 後接

x）中搜尋 x 第一次出現的位置——當然，要去掉第 0 個位置（圖 2.6）。

| a | b | a | a | b | a | a | b | a | a | b | a | a | b | a | a | b | a |

| a | b | a | a | b | a | a | b | a |

圖 2.6 如果字串 *x* 在4次轉動後仍得到 *x*，那麼字串 *x* 的最小週期是4

```
def powerstring(x):
    return len(x) // (x + x).find(x, 1)
```

2-7 模式匹配演算法：Rabin-Karp 演算法

複雜度：一般為 $O(n+m)$，最差情況為 $O(nm)$。

演算法

Rabin-Karp演算法（見參考文獻 [17]）與KMP模式匹配演算法基於完全不同的構思。為了在大字串 s 中找到字串 t，應該在 s 上滑動一個長度為 len(t) 的視窗，然後判斷這個視窗的內容是否與 t 相等。逐一比對字串所需的時間成本太高，所以需要計算當前視窗內容的雜湊值。比較視窗內容和字串 t 的雜湊值，速度會更快。當兩個字串的雜湊值吻合時，再進行逐一比較字串這樣耗時較長的操作（圖 2.7）。因此，為了得到更好的時間複雜度，我們需要一個高效率的方法來獲取當前視窗內容的雜湊值，這就要動用到滑動雜湊函數（hash function）。

如果雜湊函數值範圍為 $\{0, 1, \cdots, p\text{-}1\}$，而且選擇得當，那麼「發生碰撞」的概率能達到 $1/p$。所謂碰撞，指的是兩個長度相等、**順序**一致的獨立字串 s 和 t 被提取出同樣的雜湊值。在這種情況下，當前演算法的平均時間複雜度是 $O(n+m+m/p)$。演算法實作方式使用的是 $p=2^{31}\text{-}1$，因此在實際情況下，演算法時間複雜度是 $O(n+m)$[註1]，而最壞情況下的演算法時間複雜度是 $O(nm)$。

---

1 [譯者註] 因為p值很大，使得m/p值小到可以忽略。

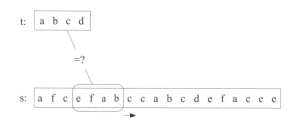

圖 2.7 Rabin-Karp演算法的構思是首先比較 *t* 和 *s* 中視窗的雜湊值，然後再逐一比較字串

計算滑動視窗雜湊值的方法

雜湊函數首先把包含 m 個字元的字串，變換成包含 *m* 個整數的序列 $x_0, \cdots, x_{m-1}$，並與字元的 ASCII 碼對應，整數介於 0 至 127 之間[註1]。因此，雜湊函數值有以下多線性標記法：

$$h(x_0, \cdots, x_{m-1}) = x_0 \cdot 128^{m-1} + x_1 \cdot 128^{m-2} + \cdots, + x_{m-2} \cdot 128 + x_{m-1} \bmod p$$

其中所有操作都被一個大質數 p 進行了取模運算（modulo）。在實際操作中要特別注意，所有計算值都應能被一個 64 位元的機器呼叫，其中一個機器字（處理器的暫存器）應當在 -2^{63} 到 $2^{63}-1$ 之間。最大的中間臨時變數是 $128 \cdot (p\text{-}1) = 2^7 \cdot (p\text{-}1)$，這也是演算法實作中選擇 $p < 2^{56}$ 的原因。

這一雜湊函數的多項式形式可在常數時間內透過 x_0、x_m 和 $h(x_0, \cdots, x_{m-1})$ 計算 $h(x_1, \cdots, x_m)$ 值：抽取第一個字元等價於抽取多項式的第一項，字串左移等價於多項式乘以 128，修改最後一個字元等價於添加多項式的一項。於是，讓視窗在字串 s 上移動，更新視窗內字串的雜湊值並與字串 t 進行比較，都可以在常數時間內完成。注意，把字串向右移動等價於字串乘以 128 對 p 取模的倒數，其運算時間也是常數[註2]。

---

[1] [譯者註] 128的乘方可以用二進制的位移運算，不會耗費太多時間。

[2] [譯者註] 假設從左向右移動視窗，那麼每次移動視窗都要移除字串 *t* 最左邊的字元，並在最右邊添加字元。用多項式表示該操作，等同於添加多項式的項，並將全部項乘以128。

　　在以下程式碼中，在雜湊值中加上DOMAIN*PRIME是為了確保計算結果是正值或空值。這在Python語言中並不是必要的，但在C++等其他語言中，取模運算可能會得到負的返回值。

```python
PRIME = 72057594037927931    # < 2^{56}
DOMAIN = 128

def roll_hash(old_val, out_digit, in_digit, last_pos):
    val = (old_val - out_digit * last_pos + DOMAIN * PRIME) %
PRIME
    val = (val * DOMAIN) % PRIME
    return(val + in_digit) % PRIME
```

　　演算法的實作從逐一比較長度為k的子串開始，即從在字串s中位於i的字元和在字串t中位於j的字元開始，比較後面的k個字元。

```python
def matches(s, t, i, j, k):
    for d in range(k):
        if s[i + d] != t[j + d]:
            return False
    return True
```

　　接下來實作真正意義上的Rabin-Karp演算法，首先計算t的雜湊值和s第一個視窗中字串的雜湊值，然後將s中的所有子字串迴圈。

```python
def rabin_karp_matching(s, t):
    hash_s = 0
    hash_t = 0
    len_s = len(s)
    len_t = len(t)
    last_pos = pow(DOMAIN, len_t - 1) % PRIME
    if len_s < len_t :
        return -1
    for i in range(len_t):        # 預先計算
        hash_s = (DOMAIN * hash_s + ord(s[i])) % PRIME
        hash_t = (DOMAIN * hash_t + ord(t[i])) % PRIME
    for i in range(len_s - len_t + 1):
        if hash_s == hash_t :    # 逐一比較字元
            if matches(s, t, i, 0, len_t):
                return i
```

```
        if i < len_s - len_t:
            hash_s = roll_hash(hash_s, ord(s[i]), \
            ord(s[i+len_t]), last_pos)
    return -1
```

Rabin-Karp演算法比KMP模式匹配演算法的效率略低，根據我們的測試結果，前者的運算時間是後者的3倍。但Rabin-Karp演算法的優勢在於，能在多個變形問題中應用自如。

變形 1：匹配多個模式

利用Rabin-Karp演算法，在給定字串s中搜尋t的問題可以拓展為在字串s中搜尋一個字串集合τ的問題，其中τ的所有字串長度必須一致。為解決問題，僅需把τ中所有字串的雜湊值存入字典to_search，然後檢測s每個視窗的雜湊值能否在字典to_search中找到相關值。

變形 2：公共子串

給定字串s、t和一個長度值k，尋找一個長度為k的字串f，令f同時是s和t的子字串。為解決問題，首先考慮字串t中長度為k的所有子串。這些子串都可以透過與Rabin-Karp演算法類似的方式獲得，即在t上滑動寬度為k的視窗，把獲得的雜湊值存入字典pos。每次獲得一個雜湊值的時候，將其與視窗位置做關聯。

然後，對於在字串s中每個長度為k的子串x，檢查其雜湊值v是否存在於字典pos中，如果存在，再將x與t中位於pos[v]位置的所有子串逐一比較。

使用這個演算法時，需要選擇恰當的雜湊函數。如果s和t的長度都是n，為了讓字串s和t各自$O(n)$個視窗中的一個視窗相互碰撞次數為常數，需要選擇函數$p \in \Omega(n^2)$[註1]。讀者可以參看參考文獻[17]來獲得更細緻的解答。

[註1] [譯者註] 碰撞次數過多會影響雜湊演算法的性能，所以需要更大範圍的值。

變形 3：最長公共子串

給定兩個字串 s 和 t，尋找其最長公共子串，這個問題也可以採用上述演算法，並以二分搜尋法最長距離 k 的構思來解決。演算法的時間複雜度是 $O(n\log m)$，其中 n 是 s 和 t 的總長度，而 m 是最佳化子串的長度。

```python
def rabin_karp_factor(s, t, k):
    last_pos = pow(DOMAIN, k - 1) % PRIME
    pos = {}
    assert k > 0
    if len(s) < k or len(t) < k:
        return None
    hash_t = 0
    for j in range(k):          # 存入雜湊值串列
        hash_t = (DOMAIN * hash_t + ord(t[j])) % PRIME
    for j in range(len(t) - k + 1):
        if hash_t in pos:
            pos[hash_t].append(j)
        else:
            pos[hash_t] = [j]
        if j < len(t) - k:
            hash_t = roll_hash(hash_t, ord(t[j]), ord(t[j + k]),
last_pos )
    hash_s = 0
    for i in range(k):          # 預先計算
        hash_s = (DOMAIN * hash_s + ord(s[i])) % PRIME
    for i in range(len(s) - k + 1):
        if hash_s in pos:    # 此雜湊值是否存在於 s 中？
            for j in pos[hash_s]:
                if matches(s, t, i, j, k):
                    return(i, j)
        if i < len(s) - k:
            hash_s = roll_hash(hash_s, ord(s[i]), ord(s[i + k]),
last_pos)
    return None
```

2-8　字串的最長迴文子串：Manacher演算法

輸入：babcbabcbaccba

輸出：abcbabcba

定義

如果字串 s 的第一個字元等於最後一個字元，而第二個字元又等於倒數第二個字元，**以此類推**，那麼該字串就是一個迴文字串。「最長迴文子串問題」就是要找到一個最長子串，同時該子串是一個迴文子串。

複雜度

採用貪婪演算法需要二次方的時間複雜度；採用後綴表演算法需要的時間複雜度是 $O(n\log n)$；採用 Manacher 演算法（見參考文獻 [23]）需要的時間複雜度是 $O(n)$。

演算法

首先在輸入字串 s 的每個字元前後都添加 # 作為分隔符號，在整個字串的首尾添加 ^ 和 $ 字元，例如，abc 會被變換成 ^#a#b#c#$。變換後的字串 s 用 t 來記錄。這樣做的好處是能夠用相同方法找到長度為奇數和偶數的迴文子串。注意，在使用這種轉換方式時，所有迴文子串都以分隔符號 # 起始和結束。因此，每個迴文子串的邊界字元索引就擁有

相同偶性[註1]，這樣一來就很容易能將字串 t 的解決方法轉換為字串 s 的解決方法。分隔符號的存在方便了字串邊界字元的處理。

單字nonne包含一個長度為2的迴文字串nn和一個長度為3的迴文字串non。在轉換之後，字串都用分隔符號 # 開始和結束：

```
   |-----|
 ^#n#o#n#n#e#$
   |---|
```

　　演算法的輸出是一個陣列 p，它能指出對於每個位置 i，是否存在某個最長半徑 r，使得從 $i-r$ 到 $i+r$ 位置的子串是一個迴文子串。貪婪演算法以下：對於所有 i，初始化 $p[i]=0$，然後遞增 $p[i]$ 直至找到以 i 為中心的最長迴文子串 $t[i-p[i],\cdots,i+p[i]]$。

　　想要最佳化Manacher演算法就要初始化 $p[i]$。已知一個以 c 為中心、r 為半徑的迴文子串，也就是說，子串的結尾是 $d=c+r$。而 j 是 i 相對於 c 的對稱鏡像（圖2.8）。$p[i]$ 和 $p[j]$ 之間有著很強的關聯。在 $i+p[j]$ 不超過 d 的情況下，我們可以用 $p[j]$ 來初始化 $p[i]$。這項操作十分有效：假如以 j 為中心、$p[j]$ 為半徑的迴文子串包含在以 c 為中心、$d-c$ 為半徑的迴文子串的前一半中，那麼它一定也存在於後一半裡。

　　在成功初始化 $p[i]$ 後，需要更新 c 和 d，以保存用 $d-c$ 最大值編寫的迴文子串的不變量。演算法的時間複雜度呈線性，因為每次比較字元都會導致 d 的增加。

---

[1] [譯者註] 對於長度為奇數的迴文串，如aba，轉換後^#a#b#a#$的邊界字元a的索引2和6都是偶數，對於長度為偶數的迴文串，如abba，轉換後^#a#b#b#a#$的邊界字元 a索引2和8也都是偶數。

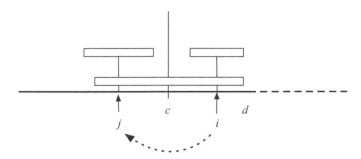

圖 2.8 Manacher演算法。對於索引 $<i$，已計算出陣列 p，現在要計算 $p[i]$。這是一個以 c 為中心的迴文子串，其半徑為 $d-c$，最大值為 d，而且 j 是 i 以 c 為對稱的鏡像。對稱來看，以 j 為中心、$p[j]$ 為半徑的迴文子串應當與以 i 為中心的字元等同，至少在半徑 $d-i$ 內是如此。於是，$p[j]$ 對於 $p[i]$ 的值來說就是一個下界

```python
def manacher(s):
    assert '$' not in s and '^' not in s and '#' not in s
    if s == "":
        return(0, 1)
    t = "^#" + "#".join(s) + "#$"
    c = 0
    d = 0
    p = [0] * len(t)
    for i in range(1, len(t) - 1):
        #                          -- 相對於中心 c 翻轉索引 i
        mirror = 2 * c - i  # = c - (i-c)
        p[i] = max(0, min(d - i, p[mirror]))
        #                          -- 增加以 i 為中心的迴文子串的長度
        while t[i + 1 + p[i]] == t[i - 1 - p[i]]:
            p[i] += 1
        #                          -- 必要時調整中心點
        if i + p[i] > d:
            c = i
            d = i + p[i]
    (k, i) = max((p[i], i) for i in range(1, len(t) - 1))
    return((i - k) // 2, (i + k) // 2)  # 輸出結果
```

應用

一個人在城裡漫步，他的智慧手機記錄下了所有移動路線。我們獲取這些路線記錄，並嘗試在其中找到某段特定路程，即在兩點間往返的相同路程。為解決這個問題，可以提取一個所有路口的串列，並在其中尋找迴文子串。

Chapter 3

序列

什麼是動態規劃？把問題解答方案的所有子方案保存下來並將它合併，以做為完整的解決方案，這種方法就是動態規劃。我們用掃描方式計算子方案，將它保存起來以便後續使用（即「記憶化」原理）。這種技術在序列的相關問題中尤其奏效，因為序列問題的子問題有時可以用序列本身的前綴來定義。

3-1　網格中的最短路徑

定義

在一個$(n+1)×(m+1)$的網格中，每個格子的編號都是(i,j)，其中$0≤i≤n$且$0≤j≤m$。格子之間用有權重的路徑連接：每個格子(i,j)的來路格子都是$(i-1,j)$、$(i-1,j-1)$和$(i,j-1)$，只有第一行第一列的格子沒有來路節點（圖3.1）[註1]。問題旨在找到從$(0,0)$到(n,m)的最短路徑。

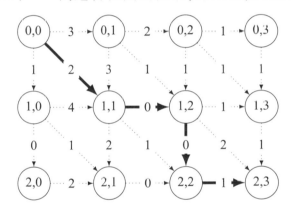

圖 3.1　在一個有向網格中的最短路徑，用加粗實線條表示

時間複雜度為 $O(nm)$ 的演算法

圖3.1有方向卻沒有環，即有向無環圖（Directed Acyclic Graph，DAG），我們可以採用動態規劃的思路，透過特定順序計算從$(0,0)$到每一個格子(i,j)的距離，來解決這個問題。首先，通向第一行和第一列的每個節點的距離是最容易計算的，因為通向每個節點的路徑是唯一

1　[譯者註] 來路節點的定義為：要抵達一個格子(i, j)，只能從其左方、上方和左上方進入；或者說，在網格中移動的方向只能是向右、向下或是向右下方。

的。然後，用詞典序方式計算通向所有(i,j)，且有$1 \leq i \leq n$且$1 \leq j \leq m$的格子的距離。因此，從$(0,0)$到(i,j)的距離一定有三種可能性，而這三個數字都是確定的，因為通向來路節點的最短距離都已經計算好了[註1]。

變形

很多經典問題都可以簡化為這個簡單問題，例如下節要介紹的各種問題。

---

1 [譯者註] 由於從左上角到右下角的前進方向只有三種可能性，即到達一個節點的來路只有三種可能，因而到達某個特定節點的距離，僅由其三個可能的來路節點，加上這三個來路節點到這個節點的距離來決定，其中最短距離就是到達這個節點的最短路徑。

3-2　編輯距離（列文斯登距離）

輸入：AUDI, LADA

輸出：LA-DA

**　　　-AUDI**

3個操作：刪除 L，插入 U，把 A 替換成 I[註1]

定義

給定兩個序列 x 和 y，需要多少次增、刪、改的操作，才能把 x 變成 y？在 unix 命令 diff 中，這段距離顯示為兩個給定檔中，對應列之間相互變換所需的最少操作次數。

時間複雜度為 $O(nm)$ 的演算法

對 $n=|x|$，$m=|y|$ 使用動態規劃法（圖 3.2），演算法時間複雜度為 $O(nm)$。我們要計算一個陣列 $A[i,j]$，它是長度為 i 的前綴 x 以及長度為 j 的前綴 y 之間的距離。我們從初始化開始，定義 $A[0,j]=j$ 和 $A[i,0]=i$ [註2]。一般情況下，當 i 和 j 都 ≥ 1，前綴的最後幾個字母有三種可能情況：x_i 被刪除；y_i 被插入到尾部；x_i 被 y_i 替換（如果它們不相同）。這三種情況讓我們可以用遞迴方式定義以下三個公式：

$$A[i,j]=\min\begin{cases} A[i-1,j-1]+\text{match}\left(x_i,y_j\right) \\ A[i,j-1]+1 \\ A[i-1,j]+1 \end{cases}$$

---

[1]　[譯者註] AUDI和LADA是兩個汽車品牌，奧迪和拉達。

[2]　[譯者註] 長度為0的前綴變成長度為 n 的前綴，所需要的操作一定是 n 次。

其中match是一個返回布林值的函數,當兩個參數不相等時,函數會返回1。這個方法定義了替換一個字母的成本。成本是可以調整的,例如說,成本可能取決於字母在鍵盤上的距離。

操作序列

除了計算編輯距離,還要計算把 x 變換成 y 所需的操作次數。我們可以使用在圖中搜尋最短路徑的方式。透過巡訪所有來路節點的距離,我們就能找到通向頂端的一條最短路徑。這樣一來,我們就能從節點 (n, m) 一直上升到 $(0, 0)$,並在上升的沿途路徑中,計算出最佳方案的所有操作步驟。最後,只要把這個序列逆序排列即可得到答案。

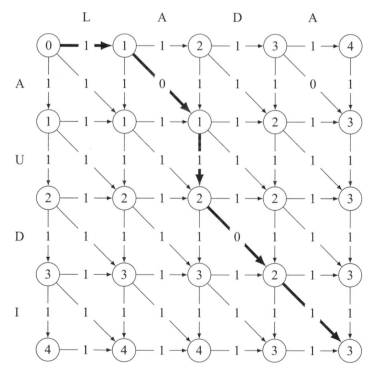

圖 3.2　在一個有向圖中的最短路徑,它定義了兩個單詞之間的編輯距離[註1]

---

1 [譯者註] 注意,豎排字串是AUDI,橫排字串是LADA。從左上到右下的操作是:刪除L,距離1;A不變,距離0;插入U,距離1;D不變,距離0;A替換成I,距離1。最短路徑的5個步驟是1-0-1-0-1。

實現細節

在動態規劃中，圖的索引從0開始，而兩個待變換字串的索引從1開始。在實作的時候要注意這一點。

```
def levenshtein(x, y):
    n = len(x)
    m = len(y)
    #  初始化第 0 行和第 0 列
    A = [[i + j for j in range(m + 1)] for i in range(n + 1)]
    for i in range(n):
        for j in range(m):
            A[i + 1][j + 1] = min(A[i][j + 1] + 1,    # 插入
                                  A[i + 1][j] + 1,    # 刪除
                                  # 替換
                                  A[i][j] + int(x[i] != y[j]))
    return A[n][m]
```

深入思考

在實際應用中，人們已經提出了性能更好的演算法。例如，如果已知兩個字串編輯距離的長度上限 s，我們可以把上述動態規劃，矩陣 A 的對角線長度限制為最大編輯距離 s，進而得到一個時間複雜度為 $O(s \min\{n,m\})$ 的演算法（見參考文獻[28]）。

3-3 最長公共子序列

輸入：GAC，AGCAT

輸出：A　G　C　A　T
　　　　|　　　|
　　　　G　　　A　C

定義

設一個符號集合 $\sum$。對於兩個序列 $s, x \in \sum^{\star}$，如果存在索引 $i_1 < \cdots < i_{|s|}$ 使得對於所有有 $x_{i_k} = s_k$，且其中 $k = 1, \cdots, |s|$，那麼我們定義 s 是 x 的子序列。假設有兩個序列 $x, y \in \sum^{\star}$，需要找到長度最大的子序列 $s \in \sum^{\star}$，而且它同時是 x 和 y 的子序列。

問題的另外一個表述方式為「配對」（見9.1節）。我們在兩個序列 x 和 y 中尋找配對的最大可能性，使得這兩個序列中的字母配對連線不交叉（圖3.3）。

應用

在一個檔案同步系統中，為了最小化網路傳輸流量，我們希望僅發送被修改過的部分，而不是把檔案完整地發送到伺服器。為了滿足這個需求，必須找到舊檔和新檔的最大公共子序列。

這類問題同樣出現在生物資訊學中，用於對齊兩條DNA序列。

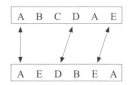

圖 3.3 最長子序列問題可以被視為尋找兩個給定序列的最大無交叉配對問題。
例如，圖中字母B的配對會與字母D的配對產生交叉

時間複雜度為 $O(nm)$ 的演算法

當 $n = |x|$ 和 $m = |y|$ 時，對於所有 $0 \leq i \leq n$ 和 $0 \leq j \leq m$，我們計算前綴 $x_1 \cdots x_i$ 和 $y_1 \cdots y_j$ 的最長公共子序列。這就得到一個複雜度為 $n \cdot m$ 的子問題。基於 $(i-1, j)$、$(i, j-1)$ 和 $(i-1, j-1)$ 在常數時間內得到的解，就能得到 (i, j) 的最佳解。因此，我們可以在時間 $O(nm)$ 內解決問題 (n, m)。演算法基於以下測試結果：

關鍵測試

設序列 $x_1, \cdots, x_i$ 和 $y_1, \cdots, y_j$ 的最長公共子序列為 $A[i, j]$。在 $i = 0$ 或 $j = 0$ 時，$A[i, j]$ 為空。當 $x_i \neq y_j$ 時，x_i 和 x_j 中的一個肯定不在最佳解中，而且 $A[i, j]$ 是 $A[i-1, j]$ 和 $A[i, j-1]$ 中最長的序列[1]。當 $x_i = y_j$ 時，存在一個最佳解使得字元相關，而且 $A[i, j]$ 等於 $A[i-1, j-1] \cdot x_i$。這裡的符號「·」表示字串拼接。使用 maximum 函數可以讓最長序列延伸[2]。

```
def lOngest_cOmmOn_subsequence(x, y):
    n = len(x)
    m = len(y)
    #                              -- 計算最佳長度
    A = [[0 for j in range(m + 1)] for i in range(n + 1)]
```

---

[1] [譯者註] 因為是兩個序列比較，所以是比長短而不是大小。

[2] [譯者註] 當 $x_i = y_j$ 時，如果兩個序列最後一個元素不一樣，那麼這兩個元素中肯定有一個不在最終結果中，而且最佳解一定等於各少一個元素的子序列中較長的那一個：$A[i-1, j]$ 是從 $A[i, j]$ 去掉 x_i，$A[i, j-1]$ 是從 $A[i, j]$ 去掉 y_j。這裡的思路也是把大問題拆分成小問題：想找到 $A[i, j]$，可以先嘗試找 $A[i-1, j]$ 和 $A[i, j-1]$，一步步縮短目標序列，進而簡化問題。

```python
for i in range(n):
    for j in range(m):
        if x[i] == y[j]:
            A[i + 1][j + 1] = A[i][j] + 1
        else:
            A[i + 1][j + 1] = max(A[i][j + 1], A[i + 1][j])
#                               -- 輸出結果
sol = []
i, j = n, m
while A[i][j] > 0:
    if A[i][j] == A[i - 1][j]:
        i -= 1
    elif A[i][j] == A[i][j - 1]:
        j -= 1
    else:
        i -= 1
        j -= 1
        sol.Append(x[i])
return ''.join(sol[::-1])    # 串列反轉
```

變形：給定多個序列

假設我們不是從兩個序列而是從 k 個序列中尋找最長公共子序列，序列長度分別為 $n_1, \cdots, n_k$，那麼可以使用以下方法。我們需要計算一個 k 維矩陣 A，計算所有給定序列的前綴組合產生的最長公共子序列。這個演算法的時間複雜度是 $O\left(2^k \prod_{i=1}^{k} n_i\right)$。

變形：給定兩個排好序的序列

當兩個序列都已經排好序時，問題可以在時間 $O(n+m)$ 內解決。因為在這種情況下，我們可以使用合併兩個已排序佇列的方法（見4.1節）。

實踐

使用BLAST演算法（Basic Local Alignment Search Tool），但它不能保證總是得出最佳解。

3-4 升序最長子序列

定義

給定一個包含 n 個整數的序列 x，需要找到它的一個子序列 s，使得 s 長度最長且是嚴格的升序。

應用

想像有一條通向大海的直路，路邊有很多房子，每一棟房子都有多層。當任何一棟房子和大海之間的所有房子的層數都能少一點的時候，從這棟房子就可以看到人海。我們希望所有房子都能夠看到大海，同時只拆除盡可能少的房子來達到這個目標（圖 3.4）

圖 3.4 拆除盡可能少的房子，使得被保留下來的所有房子都能看到大海

複雜度為 $O(n\log n)$ 的演算法

準確地說，演算法的複雜度是 $O(n\log m)$，其中 m 是最終計算得到的長度。當使用窮舉演算法時，對於每一個 i，我們希望為 x_i 元素拼接一

個前綴為 $x_i, \cdots, x_{i-1}$ 的升序最長子序列。但是，這些子序列中哪個能得到最佳解呢？讓我們先考慮一下前綴的所有升序子序列。在一個升序子序列 y 中，兩個屬性是最重要的：長度，及其最後一個元素。從直覺上判斷，在這些升序子序列中，我們更喜歡長度較長的，因為長度才是需要最佳化的屬性；同時，用一個小元素結尾更容易達成目標。

為了證實這個直覺判斷，我們把子序列 y 的長度記為 $|y|$，把 y 的最後一個元素記為 y_{-1}。當 $|y| \geq |z|$ 且 $y_{-1} \leq z_{-1}$，且兩個不等式中有一個是嚴格不等時，我們稱 y **支配** z。這時，只需要關注非支配子序列，將它補齊為一個最佳子序列（圖3.5）。

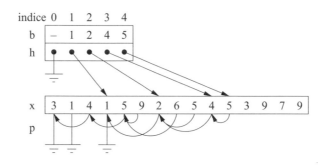

圖 3.5 計算升序最長子序列。圖中灰色部分是序列 x 正在被處理的部分。
對於被考慮的前綴，被維護的序列是 (),(1),(1,2),(1,2,4),(1,2,4,5)。
處理輸入字元3之後，序列(1,2,4)會被序列(1,2,3)取代

前綴 $x_i, \cdots, x_{i-1}$ 的各個非支配子序列的長度不同。對於長度 k，我們保存一個長度為 k 且以一個最小整數結尾的子序列。具體來說，我們維護一個陣列 b，$b[k]$ 是長度為 k 的最長子序列的最後一個元素，且設定 $b[0] = -\infty$。

陣列 b 是嚴格遞增的。這樣一來，在處理 x_i 元素時，最多只有一個子序列需要更新。尤其當 k 滿足 $b[k-1] < x_i < b[k]$ 時，我們可以用 x_i 補齊長度為 $k-1$ 的序列尾部，以便得到一個更好的、長度為 k 的子序列，也就是說，該子序列的結尾是一個最小元素。當 x_i 比 b 中的所有元素都大時，我們使用 x_i 元素來增加 b。這是唯一可能的最佳化手段，並且使用

二分法可以在時間 $O(\log|b|)$ 內實作搜尋索引 k，其中 $|b|$ 是 b 的長度。

譯者提示

替換和補齊方式就是前面所說的「關注非支配子序列」，並將非支配子序列最佳化為最佳子序列的具體過程。當 k 滿足 $b[k\text{-}1] < x_i < b[k]$ 時，$|y|\text{-}|x|$ 且 $y_{\text{-}1} \le z_{\text{-}1}$，因為 $b[k]$ 一定大於 $b[k\text{-}1]$。那麼，當發現 x_i 時，我們只需更新 $b[k\text{-}1]$ 或 $b[k]$ 中的一個就有機會得到一個更好的答案，即長度更長的 $b[k\text{-}1]$ 或末尾元素更小的 $b[k]$。

實作細節

陣列 h 和 p 編成的串列將子序列編碼[註1]。串列頭使用 h 來表示，有 $b[k] = x[h[k]]$。元素 j 之前的元素用 $p[j]$ 來表示。串列使用常數 None 來結尾（圖 3.5）。

```python
from bisect import bisect_left

def longest_increasing_subsequence(x):
    n = len(x)
    p = [None] * n
    h = [None]
    b = [float('-inf')]              #   負無限大
    for i in range(n):
        if x[i] > b[-1]:
            p[i] = h[-1]
            h.append(i)
            b.append(x[i])
        else:
            #   -- 二分搜尋法 : b[k - 1] < x[i] <= b[k]
            k = bisect_left(b, x[i])
            h[k] = i
            b[k] = x[i]
            p[i] = h[k - 1]
    # 顯示結果
    q = h[-1]
    s = []
```

[註1] [譯者註] 儲存於 b[] 中長度不同的子序列。

```
while q is not None:
    s.append(x[q])
    q = p[q]
return s[::-1]
```

變形：非降序子序列

如果子序列不一定要嚴格升序，而只需不是降序即可，那麼我們不再搜尋使得 $b[k-1] < x[i] \leq b[k]$ 成立的 k，而是搜尋使得 $b[k-1] \leq x[i] < b[k]$ 成立的 k。這種演算法可以用 Python 語言的 bisect_right 方法來實作。

變形：公共最長升序子序列

給定兩個序列 x 和 y，我們希望找到它們的公共最長升序子序列。這個問題可以在立方時間內解決：首先從 y 的排序開始，藉此得到一個序列 z，然後尋找 x、y 和 z 的一個公共序列。2005 年，有人發表了一個更好的、時間複雜度為 $O(|x| \cdot |y|)$ 的演算法（見參考文獻 [29]），但這個演算法複雜度早在 2003 年的 ACM/ICPC/NEERC 程式設計競賽中就已經出現。

3-5 兩位玩家遊戲中的必勝策略

定義

假設兩個玩家用一堆正整數進行遊戲（圖3.6）。玩家0先開始。如果堆疊已經為空，那麼他就輸了遊戲；但要是堆疊頂端包含一個整數 x，他就可以選擇去掉堆疊頂的一個元素或 x 個元素——後一個選項僅在堆疊中至少還有 x 個元素時被允許。然後，由玩家1來繼續遊戲。接下來，雙方按照同樣的規則繼續遊戲。現在有一個包含 n 個整數的堆疊 P，問題是：玩家0是否有一個必勝策略？也就是說，他是否能在玩家1做出任何選擇的情況下都能確保獲勝？

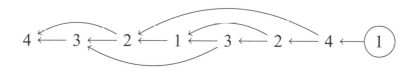

圖 3.6 一局遊戲

演算法複雜度：線性。

動態規劃的演算法

模擬遊戲處理序的成本非常高：「二選一」會讓方案組合成爆炸式增長。這裡正是動態規劃的用武之地。設一個大小為 n 的布林型陣列 G，$G[i]$ 表示在數字堆疊縮小為前 i 個元素的情況下，一個玩家能否在先手時獲勝。最終目的是：玩家0找到一個必勝策略，使得玩家1處於無法獲勝的劣勢。

有一個基礎情況是 $G[0]=\text{False}$,而對於 $i > 0$ 的情況,則有:

$$G[i]=\begin{cases} \overline{G[i-1]} \vee \overline{G[i-P[i]]} & \text{如果 } P[i] \geq 0 \\ \overline{G[i-1]} & \text{否則} \end{cases}$$

使用一個簡單線性數字步數的巡訪,就能填充陣列 G,並透過尋找 $G[n\text{-}1]$ 的答案來解決問題。

Chapter 4

陣列

陣列是最重要的基礎資料類型之一。在很多簡單問題中，除了陣列之外不需要其他任何資料結構。我們可以在常數時間內修改一個指定索引的元素。相反的，串列不能插入或刪除元素，除非在線性時間內新建一個陣列。陣列中的元素從 0 開始索引。一定要注意，在讀和寫的時候，萬一元素編號從 1 開始，在讀取和顯示其中資料時，仍然要從 0 開始[註1]。

陣列也能被簡單用於編寫一棵二元樹。一個索引為 i 的節點的父節點索引是 $\lfloor i/2 \rfloor$，其左子節點索引是 $2i$，右子節點索引是 $2i+1$，根節點索引是 1。索引是 0 的元素被忽略掉了。

本章將探討陣列的經典問題，以及用來處理被稱為「區間」的索引區間問題的資料結構，例如計算一個區間中最小值。最後兩小節描述了動態的資料結構，提出了修改和查詢陣列的方法。

注意：在 Python 語言中，可以用索引 -1 存取陣列 t 的最後一個元素。陣列的逆序副本可以透過 t [::-1] 來獲得。在末尾新增一個元素的方法是 append。因此，Python 語言的陣列類似 Java 語言的 ArrayList 類別或者 C++ 語言的 vector 類別。

---

[1] [譯者註] 如果問題描述的時候元素編號從1開始，程式編寫的時候仍要從0開始為元素編號。

4-1 合併已排序串列

定義

給定兩個已排序的串列 x 和 y，我們希望生成一個有序的串列 z，包含 x 和 y 的所有元素。

應用

這個操作在歸併排序演算法中很有用。對一個陣列進行排序時，我們把它拆分為兩個長度一樣的部分（當陣列有奇數個元素時，兩部分相差一個元素）；同時，用遞迴方式對兩部分進行排序；然後，再用下述過程把兩部分合併起來。演算法的時間複雜度是 $O(n\log n)$ 次比較。

時間複雜度為線性的演算法

用連比法巡訪兩個串列，並逐步建立起 z。關鍵是每次都要從元素最小的串列中取值，這樣就能確保結果一定是有序的。

```python
def merge(x, y):
    z = []
    i = 0
    j = 0
    while i < len(x) or j < len(y):
        if j == len(y) or i < len(x) and x[i] < y[j]:
            z.append(x[i])
            i += 1
        else:
            z.append(y[j])
            j += 1
    return z
```

變形：k個串列的合併

為了快速找到需要取值的串列，我們可以把當前每個串列的k個元素儲存在一個優先順序佇列中。演算法的時間複雜度是$O(n\log k)$，其中n是生成串列的長度。

4-2 區間的總和

定義

每次查詢都用索引區間 $[i,j)$ 來表示，而且需要返回在索引 i（包括）和索引 j（不包括）之間的區間中，所有元素值 t 的總和。

每次查詢時間複雜度為 $O(1)$ 的資料結構和時間複雜度為 $O(n)$ 的初始化方法

只需計算一個包含了所有 t 的前綴且大小為 $n+1$ 的陣列。實際上，$s[j]=\sum_{i<j}t[i]$。特別是當 $s[0]=0$，$s[1]=t[0]$ 時，$s[n]=\sum_{i=0}^{n-1}t[i]$。那麼查詢 $[i,j)$ 的結果是 $s[j]-s[i]$。

4-3 區間內的重複內容

定義

每個查詢都用索引區間來表示，如 $[i,j)$，我們需要找到一個在區間內陣列 t 中至少出現兩次的元素 x，或聲明所有元素各不相同。

每次查詢時間複雜度為 $O(1)$ 的資料結構和時間複雜度為 $O(n)$ 的初始化方法

透過一次從左到右的巡訪，我們建立起一個陣列 p，其中對於每個 j，當 $t[i]=t[j]$ 時，滿足區間最大索引 $i<j$。當 $t[j]$ 第一次出現時，設 $p[j]=-1$。

為了計算 p，在巡訪中，最後一次在 t 中出現的 x 的索引都要儲存。如果能夠保證 t 中元素的區間，我們可以用一個陣列來儲存；否則，需要用一個以雜湊表建立的字典來儲存。

同時，對於所有 $I \le j$ 的情況，我們需要在一個陣列 q 中保存每個 j 的最大值 $p[i]$。因此，為了回應查詢 $[i,j)$，一旦有 $q[j-1]<i$，那麼 $[i,j)$ 中所有元素都會各不相同；否則，$t[q[j-1]]$ 是一個重複值。

為了確定出現兩次的索引，只需同時使用 $q[j]$ 計算索引 i，得到索引 i 的最大值。

段 Chapter 4 陣列

4-4　區間的最大總和

定義

這個靜態問題基於一個值為 t 的陣列，對於所有滿足 $i \leq j$ 的索引對 $[i, j]$，需要計算 $t[i]+t[i+1]+,\cdots,+t[j]$ 的最大值。

複雜度為 $O(n)$ 的演算法

這個動態規劃的演算法是 Jay Kadane 在 1984 年發現的。對於每個索引 j，我們在所有滿足 $0 \leq i \leq j$ 的索引中搜尋 $t[i]+,\cdots,+t[j]$ 的最大值。用 $A[j]$ 來記錄這個值。這個值若不是 $t[j]$，要麼由 $t[j]$ 和記為 $t[i]+,\cdots,+t[j-1]$ 的總和組成，該總和應該最大。於是有 $A[0]=t[0]$，因為對於 $j \geq 1$，這是唯一的可能性。綜上所述，我們得到一個遞迴算式：$A[j]=t[j]+\max\{A[j-1],0\}$。

變形

問題可以推廣到矩陣。給定一個維度為 $n \times m$ 的矩陣 M、一個列索引的區間 $[a,b]$ 和一個行索引的區間 $[i, j]$，就此定義一個矩陣中的矩形 $[a,b] \otimes [i, j]$。我們要找的是總和值最大的矩形。為此，只需在所有列索引的區間 $[a,b]$ 中來回，得到一個長度為 m 的陣列 t，如 $t[i]=M[a,i]+,\cdots,+M[b,i]$。利用與列 $[a,b-1]$ 相關的陣列，只需增加矩陣 M 的第 b 列，即可在時間 $O(m)$ 內得到陣列 t。在上述演算法的幫助下，我們可以在時間 $O(m)$ 內找到一個組成矩形總和值最大的行區間 $[i, j]$，矩形是由 $[a,b]$ 和 $[i, j]$ 來描述的。這樣就能得到一個時間複雜度為 $O(n^2m)$ 的解決方案。

4-5　查詢區間中的最小值：線段樹

定義

我們希望維護一個資料結構，該資料結構中儲存了一個包含 n 個元素的陣列 t，並能執行以下操作：

— 變更給定 i 值的 $t[i]$ 元素的值；

— 對於給定的集合索引 i 和 k，計算 $\min_{i \leq j < k} t[j]$。

變形

不需要太大變化，我們可以確定最小元素的索引，而非獲取它的值。

每次查詢時間複雜度為 $O(\log n)$ 的資料結構

構思是用一棵二元樹（又稱線段樹）把陣列 t 補齊。每個節點代表陣列 t 中的一個索引區間（圖 4.1）。區間的大小是 2 的次方，一個節點的兩個子節點代表區間左右兩個半區。樹的最底層保存了陣列 t 中的元素值。在每個節點中，僅保存與節點相關區間內的陣列最小值。

更新一次陣列需要對樹結構進行指數次更新，並作用於通向相關節點路徑上的每個節點。在一個給定區間 $[i, k)$ 中搜尋最小值，是透過遞迴巡訪來實作的。函數 _range_min(j, start, span, i, k) 返回陣列 t 在區間 $[start, start+span) \cap [i, k)$ 中的最小值，其中 j 是與該區間相關的節點的索引。終止搜尋有兩種可能的條件：要嘛是當前節點的區間包含在 $[i, k)$ 範圍內，這時需要返回節點的值；要嘛是當前節點的區間與 $[i, k)$ 不相交，這時需要返回 $+\infty$。

1															
1								5							
1				2				5				∞			
1		8		3		2		5		∞		∞		∞	
3	1	9	8	3	4	2	7	5	∞	∞	∞	∞	∞	∞	

圖 4.1　在一個區間中確定最小值的樹形資料結構

對複雜度的分析

為了證明查詢時間為 $O(\log n)$，我們要區分巡訪過程中經過的 4 種節點。假設 $[s,t)$ 是節點相關的區間：

— 當 $[s,t)$ 和 $[i,k)$ 不相交時，節點被稱為**空節點**；

— 當 $[s,t) \subseteq [i,k)$ 時，節點被稱為**滿節點**；

— 當 $[s,t) \supset [i,k)$ 時，節點被稱為**嚴格節點**；

— 否則，節點被稱**重疊節點**。

注意，對於一個重疊節點來說，$[s,t)$ 和 $[i,k)$ 的區間互相重疊，但並不互相包含。分析方法就是確定每個類型的節點數量。

搜尋方法 range_min 巡訪一個對數數量級的滿節點，它們對應著 $[i,k)$ 區間內不相交的區間分量。對於空節點也一樣，空節點對應著 $[i,k)$ 區間的補集分量。當檢測到一個重疊節點的子節點總是滿節點或空節點，並且只有根節點是嚴格節點的時候，分析結束。

```
class RangeMinQuery :
    def _ _init_ _(self, t, INF=float('inf')):
        self.INF = INF
        self.N = 1
        while self.N < len(t):                 # 找到陣列大小 N
            self.N *= 2
        self.s = [self.INF] * (2 * self.N)
        for i in range(len(t)):                # 把 t 存入葉子節點
            self.s[self.N + i] = t[i]
```

```python
        for p in range(self.N - 1, 0, -1):           # 填充所有節點
            self.s[p] = min(self.s[2 * p], self.s[2 * p + 1])

    def __getitem__(self, i):
        return self.s[self.N + i]

    def __setitem__(self, i, v):
        p = self.N + i
        self.s[p] = v
        p //= 2                                        # 在樹上上移一層
        while p > 0:                                    # 更新節點
            self.s[p] = min(self.s[2 * p], self.s[2 * p + 1])
            p //= 2

    def range_min(self, i, k):
        return self._range_min(1, 0, self.N, i, k)

    def _range_min(self, p, start, span, i, k):
        if start + span <= i or k <= start:            # 不相交區間
            return self.INF
        if i <= start and start + span <= k:           # 包含區間
            return self.s[p]
        left = self._range_min(2*p,        start, \
            span//2, i, k)
        right = self._range_min(2*p + 1, start + span // 2, \
            span//2, i, k)
        return min(left, right)
```

4-6　計算區間的總和：樹狀陣列（Fenwick樹）

定義

我們希望維護一個資料結構，它保存著包含 n 個值的陣列 t，並可以進行下列操作：

一對於給定索引 i，更新 $t[i]$ 的值；

一對於給定索引 i，計算 $t[1]+\cdots+t[i]$。

出於技術原因，t 的索引範圍是從 1 到 n-1，並不包含 0。

變形

僅需一個小更動，這個資料結構同樣可以被用在時間 $O(\log n)$ 內執行下列運算：

一對於給定的索引 a 和 b，為集合中每個區間 $t[a]$, $t[a+1]$,$\cdots$, $t[b]$ 增加一個值；

一對於給定索引 i，獲取 $t[i]$ 的值。

如前一節介紹過的方法，此問題可以使用一個線段樹來解決。只需把其中的 ∞ 替換為 0，並把 min 操作替換成加法操作，就可以得到一個每次查詢時間複雜度為 $O(\log n)$ 的資料結構來解決問題。本節介紹的資料結構性能與之前的類似，但可以更快實作。

每次查詢時間複雜度為 $O(\log n)$ 的資料結構（見參考文獻 [6]）

這個資料結構不再像前一節所述的那樣原封不動地儲存陣列 t，而是

儲存 t 的區間總和。因此，我們需要新建一個陣列 s，例如，使得滿足 $j \in I(i)$ 的時候，有 $s[i]$ 是 $t[j]$ 的總和，其中 $I(i)$ 是按下述方式定義的一個區間。各區間透過以下方式組織成一個樹形結構，它們之間有兩種關係：父節點和左相鄰節點（圖4.2）。

—當 $a \in \{0,1\}*$ 且 i 是 $a10^k$ 的二進制形式時，輸入值 $s[i]$ 包含陣列 t 在區間內 $I(i) = \{a0^k1, \cdots, i\}$ 的總和。

—索引 $i = a10^k$ 的父節點是 $i + 10^k$。

—索引 $i = a10^k$ 的左相鄰節點是 $j = a00^k$。區間 $I(j)$ 是 $I(i)$ 的左側區間。

因此，當 $i = a10^k$ 時，前綴 $t[1] + \cdots + t[i]$ 的總和等於 $s[i]$ 加上前綴 $t[1] + \cdots + t[a00^k]$。這裡需要使用遞迴計算。

在圖4.2的例子裡，對 $t[11]$ 更新就必須改變 $s[11 = 01011_2]$、$s[12 = 01100_2]$、$s[16 = 10000_2]$，而前綴 $t[1], \cdots, t[11]$ 的總和是 $s[11 = 01011_2]$、$s[10 = 01010_2]$、$s[8 = 01000_2]$。

實作上述結構的一個重要步驟是讀取 i 的最低有效位，也就是說，把二進位格式的數字 $a10^k$ 轉換成 10^k。這項操作可以使用 $i \& -i$ 實作。以下為解釋：

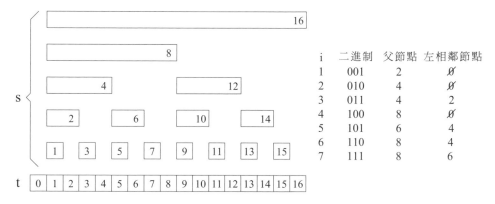

i	二進制	父節點	左相鄰節點
1	001	2	∅
2	010	4	∅
3	011	4	2
4	100	8	∅
5	101	6	4
6	110	8	4
7	111	8	6

圖4.2　一個樹狀陣列的例子。「XX是○○的父節點」，這個關係以從上垂直向下投影的方式呈現，例如8是4、6和7的父節點。如果區間 $I(i)$ 在 $I(j)$ 的左側鄰接，如4是5和6的左相鄰，那麼索引 i 是 j 的左相鄰節點。

$$i = a10^k$$
$$\bar{i} = \bar{a}01^k$$
$$-i = \bar{i}+1 = \bar{a}10^k$$
$$i \,\&\, {-i} = 10^k$$

```python
class Fenwick :
    def __init__(self, t):
        self.s = [0] * len(t)
        for i in range(1, len(t)):
            self.add(i, t[i])

    def prefixSum(self, i):
        sum = 0
        while i > 0:
            sum += self.s[i]
            i -= (i & -i)
        return sum

    def intervalSum(self, a, b):
        return self.prefixSum(b) - self.prefixSum(a-1)

    def add(self,  i, val):
        assert i > 0
        while i < len(self.s):
            self.s[i] += val
            i += (i & -i)

    # 變形：

    def intervalAdd(self, a, b, val):
        self.add(a, +val)
        self.add(b + 1, -val)

    def get(self, i):
        return self.prefixSum(i)
```

4-7 有 k 個獨立元素的窗口

定義

給定一個包含 n 個元素的序列 x 和一個整數 k，我們希望確定 $[i,j)$ 的所有最大區間，使得 $x_i, \cdots, x_{j-1}$ 都嚴格地由 k 個不同元素組成（圖 4.3）。

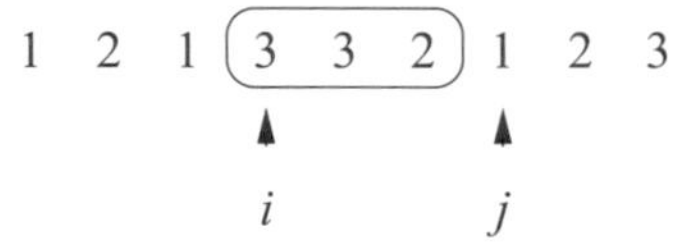

圖 4.3　一個嚴格包含了兩個不同元素的視窗（332的外框部分）

應用

快取就是被放在慢速讀寫記憶體之前的快速記憶體。慢速記憶體的定址空間被分割成相同的大小，稱作**分頁**。快取空間是有限的，僅能保存 k 個分頁。電腦隨時間推移存取記憶體，由此形成一個序列 x，其中每個元素是一個被請求存取的分頁。當一個被請求存取的分頁在快取中時，讀寫速度加快，否則稱為**快取未命中**。然後，應當搜尋慢速記憶體的一個分頁，令其替代快取中的另一個分頁，並將後者移出快取。在序列 x 中搜尋嚴格包含 k 個不同元素的區間，這個問題變為在假設快取初始配置最佳的情況下，找到那些不存在快取未命中的時間區間。

時間複雜度為 $O(n)$ 的演算法

構思是使用兩個指標 i 和 j 來巡訪序列 x，其中 i 和 j 確定了視窗。我們藉助出現頻率計數器 occ，在一個變數 dist 中維護集合 $x_i, \cdots, x_{j-1}$ 中不同元素的數量。當 dist 超過了參數 k 值，我們讓 i 前進，否則讓 j 前

進[註1]。以下實作返回了一個迭代器。該實作也可以用於另一個函數，單獨處理每個區間。由於兩個指標 i 和 j 只能前進，因而最多只能執行 $2n$ 次操作，進而獲得一個線性的複雜度。

```python
def windows_k_distinct(x, k):
    dist, i, j = 0, 0, 0          # dist = |{x[i],..,x[j -1]}|
    occ = {xi: 0 for xi in x}     # 用 x[i:j] 表示的出現次數
    while j < len(x):
        while dist == k:              # 移動頭部的區間
            occ[x[i]] -= 1            # 更新計數器
            if occ[x[i]] == 0:
                dist -= 1
            i += 1
        while j < len(x) and(dist < k or occ[x[j]]):
            if occ[x[j]] == 0:                    # 更新計數器
                dist += 1
            occ[x[j]] += 1
            j += 1                    # 移動末尾的區間
        if dist == k:
            yield(i, j)               # 發現一個區間
```

[註1] [譯者註] 對於索引和巡訪所使用的指標來説，前進就是索引+1，或是迭代器獲取下一個元素。

Memo

Chapter **5**

區間

　　與區間相關的很多問題都可以使用動態規劃來解決。位於一個給定臨界值之前和之後的區間，可以形成兩個獨立的子實例。

　　如果題目允許，使用格式為 $[s,t)$ 的半開半閉區間會更簡便，因為其中的元素數量更容易計算（僅需 $t-s$，其中 s 和 t 都是整數）。

5-1　區間樹（線段樹）

定義

把 n 個給定區間儲存在一個資料結構中，使得擁有下述格式的查詢能快速返回結果：**對於一個給定值 p，哪個是所有包含 p 的區間串列**？我們先假設所有區間都是半開半閉的形式 $[l, h)$，但這個資料結構也適用於其他區間形式。

每次查詢時間複雜度為 $O(\log n + m)$ 的資料結構

m 是返回的區間數量。這是一個二元樹結構，其描述如下：設 S 是一個待儲存區間的集合。我們選擇一個滿足下述條件的中間值 center。中間值 center 把所有區間分成三組：區間集合 L 在中間值 center 的左側；區間集合 C 包含中間值 center；區間集合 R 在中間值 center 的右側。那麼，樹形結構的根用遞迴方式保存著中間值 center 和 C，其左側子樹和右側子樹分別保存 L 和 R（圖 5.1）。

為了能快速回應查詢，集合 C 以有序串列的形式儲存。串列 by_low 保存了 C 中按開頭排列順序的區間；同時，串列 by_high 保存了 C 中按尾排列順序的區間。

為了回應對 p 點的查詢，只需要把 p 與中間值 center 比較：如果 $p >$ center，那麼需要用遞迴方式在左側子樹中搜尋包含了 p 的區間，並在其中添加 C 中的區間 $[l, h)$，且滿足 $l \le p$。這是正確的作法，因為透過建置這些區間，滿足 $h >$ center，也就滿足了 $p \in [l, h)$。否則，如果 $p \ge$ center，則需要用遞迴方式在右側子樹中搜尋包含 p 的區間，並在其中添加 C 中的區間 $[l, h)$，且滿足 $p < h$。

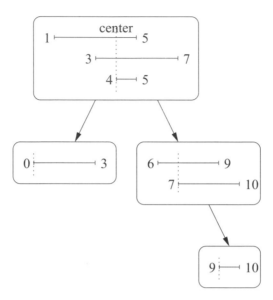

圖 5.1　儲存7個區間的樹

選擇中間值 center

　　為了讓二元樹能夠平衡，我們可以選擇中間值 center 作為要儲存區間的正中元素。這樣一來，一半區間就會被存進右側子樹，確保深度是指數等級的。與快速排序演算法類似，如果中間值 center 是從區間中隨機選擇的，則期望性能也將是類似的[註1]。

複雜度

　　建構二元樹需要的時間複雜度為 $O(n\log n)$，處理一個查詢所需時間為 $O(\log n+m)$，其中指數部分源於對有序串列的二分搜尋。

---

[1] [譯者註] 這和快速排序演算法隨機選擇分隔點對性能的影響類似。

實作細節

在實作中，區間用 n 元組的方式呈現，其中排在最前面的兩個元素保存著區間的首尾邊界。其他元素可用於傳輸補充資訊。

二分搜尋法透過 bisect_right(t,x) 方法來實作，它返回了 i，使得當 $j > i$ 時有 t[j] > x。注意，不要使用子串列 by_high[i:] 在陣列 by_high 中循環，因為建立長度為 len(by_high) 的子串列所用時間是線性的，這會把演算法複雜度從 $O(\log n + m)$（m 是返回串列的大小）提升至 $O(\log n + n)$。

陣列保存了數值對 (value, interval)，所以我們使用 bisect_high 方法來搜尋格式為 $(p,(\infty,\infty))$ 的一個元素 x 的插入點。

```python
class _Node :
    def __init__(self, center, by_low, by_high, left, right):
        self.center = center
        self.by_low = by_low
        self.by_high = by_high
        self.left = left
        self.right = right

def interval_tree(intervals):
    # 下面的測試會降低性能
    # assert intervals == sorted(intervals)
    if intervals == []:
        return None
    center = intervals[len(intervals) // 2][0]
    L = []
    R = []
    C = []
    for I in intervals:
        if I[1] <= center:
            L.append(I)
        elif center < I[0]:
            R.append(I)
        else:
            C.append(I)
    by_low = sorted((I[0], I) for I in C)
```

```python
        by_high = sorted((I[1], I) for I in C)
        IL = interval_tree(L)
        IR = interval_tree(R)
        return _Node(center, by_low, by_high, IL, IR)

    def intervals_containing(t, p):
        INF = float('inf')
        if t is None:
            return[]
        if p < t.center:
            retval = intervals_containing(t.left, p)
            j = bisect_right(t.by_low, (p, (INF, INF)))
            for i in range(j):
                retval.append(t.by_low[i][1])
        else:
            retval = intervals_containing(t.right, p)
            i = bisect_right(t.by_high, (p, (INF, INF)))
            for j in range(i, len(t.by_high)):
                retval.append(t.by_high[j][1])
        return retval
```

5-2 區間的聯集

定義

給定一個包含 n 個區間的集合 S，我們希望確保具有多個非連接區間有序串列形式的聯集 L，且 $\bigcup_{I \in S} = \bigcup_{I \in L}$。

使用掃描方式複雜度為 $O(n \log n)$ 的演算法

從左向右掃描區間臨界值。在每個給定時刻，在 open 中維護開放區間（尚未看到結尾的區間）的數量。當該數量變為零後，需要在解中假設一個新區間 $[open, x]$，其中 x 是掃描子的通常位置，open 是 open 變為正值的最後一個位置。

實作細節

記錄下被處理區間的臨界值順序。當區間是封閉或半開時，這個順序是正確的。對於開放區間而言，需要在處理區間的起始值 (y, z) 之前處理區間的結束值 (x, y)。

```python
def intervals_union(S):
    E = [(low, -1) for(low, high) in S]
    E += [(high, +1) for(low, high) in S]
    nb_open = 0
    last = None retval = []
    for x, _dir in sorted(E):
        if _dir == -1:
            if nb_open == 0:
                last = x
            nb_open += 1
```

```
        else:
            nb_open -= 1
            if nb_open == 0:
                retval.append((last, x))
    return retval
```

5-3　區間的覆蓋

應用

假設有一片平直的海灘，周圍是數座如點一樣小的島嶼，我們希望沿著海灘放置最小數量的天線，讓訊號覆蓋所有島嶼。所有天線的信號覆蓋半徑都是 r。

觀察

如果在每個島嶼周圍畫出半徑 r 的範圍，我們就能在海灘上找出必須安裝一個天線的區間。問題就簡化為以下問題（圖 5.2）。

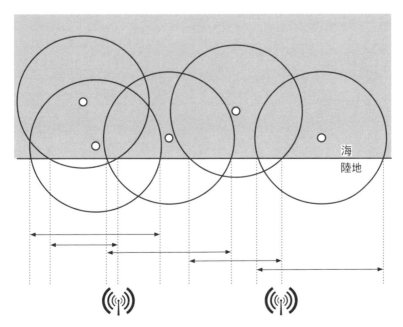

圖 5.2　需要多少天線才能覆蓋所有島嶼？問題簡化為區間覆蓋問題

時間複雜度為 $O(n\log n)$ 的演算法

使用掃描方式,我們從右側開始按升序方向處理所有區間。我們維護一個解 S 來保存已經掃描過的區間,S 的最小值是 $|S|$,在相等極限情況下的值是 $\max S$。

演算法很簡單:如果對於一個區間 $[l,r]$ 有 $l \le \max S$,那就什麼都不做;否則,就把 r 添加入 S。構思是需要想方設法覆蓋 $[l,r]$,並且,透過選擇可覆蓋區間的最大值還能增加覆蓋後續待處理區間的可能性。

```python
def interval_cover(I):
    S = []
    for start, end in sorted(I, key=lambda v: (v[1], v[0])):
        if not S or S[-1] < start:
            S.append(end)
    return S
```

Chapter 6

圖

　　圖是由頂點集合 V 和邊集合 E 組成的物件。一般來說，邊與兩個不同的頂點相關聯，並且邊不區分方向，也就是說 (u,v) 和 (v,u) 表示的是同一條邊。有時我們會考慮一個變形，即**有向圖**，有向圖的邊是有方向的。在這種情況下，習慣上稱邊為**弧**，弧 (u,v) 的起點是 u，終點是 v。本章的大多數演算法都基於有向圖的操作，但也可能把邊 (u,v) 替換成兩條弧 (u,v) 和 (v,u)，藉此應用於無向圖。圖也可以包含額外的資訊，例如在頂點或邊上標註權重或字元。

6-1　使用Python對圖編碼

一個簡單方法是使用從 0 到 n-1 的整數來區分 n 個頂點。但在輸入文件裡顯示或編碼的時候，通常從 1 開始計數。讀者要注意，在讀取和顯示的時候，記得在索引中添加或刪除 1 個索引。

圖的邊可以用鄰接陣列或鄰接矩陣這兩種方式表示。鄰接矩陣很容易實作，但更佔空間。在此情況下，圖將用一個二進位數字的矩陣 E 來表示，其中 E[u,v] 代表存在弧 (u,v)（圖 6.1）。

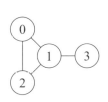

```
#   鄰接陣列
G = [[1,2],[0,2,3],[0,1],[1]]

#   鄰接矩陣
G = [[0,1,1,0],
     [1,0,1,1],
     [1,1,0,0],
     [0,1,0,0]]
```

圖 6.1　一個圖及其可能的編碼方式

鄰接陣列透過一個陣列 G 來符號化一個圖。對於頂點 u，$G[u]$ 是 u 的鄰接頂點串列。我們同樣可以藉助文字識別子來指示頂點。因此，G 可以是一個字典，其中的鍵是字串，值是鄰接頂點的串列。例如，如果三角形由三個頂點 axel、bill 和 carl 組成，那就可以用以下字典來編碼。

譯者提示

在鄰接陣列中，索引為 0 的元素值是集合 {1,2}，說明元素 0 連接著元素 1 和 2，索引為 1 的元素值是集合 {0,2,3}，說明元素 1 連接著 0、2 和 3，其他元素以此類推。在鄰接矩陣中，可以看到矩陣沿著從左上角到右下角的斜線呈對稱，i 列 j 行等於 0，說明元素 i 和 j 不連通，等於 1 說明 i 和 j 連通。例如在第一列中，0 行 0 列的第 0 個元素 0 和自己不連通，1 行 0 例的第 0 個元素和第一個元素連通，0 行 2 列等於 1 說明 0 和 2 連通，0 行 3 列和 3 行 0 列都等於 0，說明 0 和 3 不連通，以此類推。

```
{'axel':['bill','carl'], 'bill':['axel','carl'],
 'carl':['axel','bill']}
```

本書中提到的演算法通常以鄰接陣列為基礎。

在有向圖中，有時需要兩個資料結構 G_out 和 G_in，包含每個節點離開的弧和進入的弧。但是，我們會儲存弧的頂點而非弧本身。因此，對於任意頂點 u，$G\_out[u]$ 包含每條離開的弧 (u,v) 的頂點陣列 v，$G\_in[u]$ 包含每條進入的弧 (v, u) 的頂點陣列 v。

有一個簡單方式用來保存頂點和邊上的標籤：使用按頂點索引的額外陣列，或者按頂點對索引的矩陣。這樣一來，圖本身的編碼結構 G 就不受影響，而 G 也可以在不被修改且不考慮標籤的情況下用於程式碼之中。利用類別的屬性來表示頂點和邊，這種方式對高效率程式設計來說就非常耗時了。

6-2　使用C++或Java對圖編碼

　　由於C++或Java標準函數庫中的串列和字典的使用比較麻煩，而且速度也有點慢，因而我們提議使用一個高效率的編寫方式──鏈列。每個弧使用一個索引e來表示，那麼dest[e]就是弧e的目標頂點。離開頂點u的弧將以下述方式組織成鏈列。串列中的第一條弧是arc[u]，第二條弧是succ[arc[u]]，第三條弧是succ[succ[arc[u]]]，以此類推[註1]，串列的結尾是特殊值-1。對於沒有離開弧的頂點u，我們定義arc[u]== -1。

```cpp
const int MAX_NODES = 500;                      // 舉例
const int MAX_ARCS  = 2*MAX_NODES*MAX_NODES;    // 舉例

int nb_nodes = 0;
int nb_arcs  = 0;
int arc[MAX_NODES] = {0};
int succ[MAX_ARCS], dest[MAX_ARCS];

void clear_graph(int n){
    nb_nodes = n;
    nb_arcs  = 0;
    for(int v=0; v<nb_nodes; v++)
    arc[v] = -1;
}

void add_arc(int u, int v) {
    succ[nb_arcs] = arc[u];
    dest[nb_arcs] = v;
    arc[u] = nb_arcs++;
}

#define forall_neighbors(u, v) \
    for(int e=arc[u]; e!=-1 && (v=dest[e], 1); e=succ[e])
```

---

[1] [譯者註] succ是單字successor的開頭拼字，表示用一種遞迴方式定義了每個頂點及它一層層的後續頂點。

6-3 隱式圖

　　有時，圖以隱式方式給定，例如網格的格式，其中圖的頂點是位於網格的各個單元，而邊由網格單元間的鄰接關係來定義，這就像一個迷宮。相關物件是另一種隱式圖，其中的弧對應著一個本地的更動（一個物件被更動後變成另外一個物件）。

例子：塞車時刻（Rush Hour）

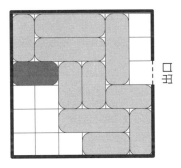

圖 6.2 「塞車時刻」的一道題目

　　「塞車時刻」是一種能在商店裡買到的益智遊戲。棋盤是一個 6×6 的網格（圖 6.2）。棋盤上的小轎車（長度為 2）和大卡車（長度為 3）停在網格中。車裡沒有司機，也不能離開網格的範圍。其中一輛小轎車被特別標識為紅色，玩家的目標是把這輛小轎車從網格側面唯一的出口移出盤外。為了達到目標，玩家可以向前或向後移動棋盤內的任何車輛[註1]。

[註1] [譯者註] 類似傳統的「華容道」遊戲，透過移動迷宮中的長短板塊，把黑色塊移出迷宮。

　　我們馬上使用圖來實作建模。在 k 輛車中，每一輛車都對應著一個固定模型和可變模型，固定模型由大小、方向和固定位置組成（例如一輛縱向行駛的車所在的行）；可變模型由自由座標組成。所有自由座標的向量完整地編碼了網格的組態。巡訪這張圖的關鍵函數從一個向量開始，枚舉了所有經過一步移動後可以得到的向量組態。以下是圖 6.2 這道題目的組態編碼[1]。

```
orientat = [1,0,1,0,0,1,1,0,0,1,0]       # 0= 橫向　, 1= 縱向。  方向配置
longueur = [2,3,3,3,2,2,2,2,3,2,2]       # 2= 轎車　, 3= 卡車。  長度配置
coorfixe = [0,0,4,1,2,2,3,3,4,5,5]       # 固定座標，即原始出發點
coorvari = [0,1,0,1,0,2,2,4,2,4,3]       # 可變座標，移動後的座標
rouge = 4                                # 紅色小轎車的索引
```

　　如果 orientat$[i]$=0，那麼對於 coorvari$[i] \leq x <$ coorvari$[i]+$ longucur$[i]$ 以及 y= coorfixe$[i]$，小轎車 i 佔用了所有 (x,y) 的格子。如果 orientat$[i]$=1，那麼對於 x= coorfixe$[i]$ 以及 coorvari$[i] \leq y <$ coorvari$[i]+$ longueur$[i]$，小轎車 i 佔用了所有 (x,y) 的格子。

---

[1] [譯者註] orientat意為「方向」，longueur意為「長度」，coorfixe意為「固定座標」，coorvari意為「可變座標」，rouge意為「紅色」。

6-4 深度優先巡訪：深度優先演算法

定義

深度優先巡訪是一種對圖的巡訪方法，它從一個給定節點開始，以遞迴方式巡訪該節點的相鄰節點。深度優先演算法的英文全名是 Depth-first search，簡稱DFS演算法。

複雜度：演算法的時間複雜度是 $O(|V|+|E|)$。

應用

深度優先演算法主要用於，從圖中針對一個給定節點，然後找到它所能夠到達的全部節點。這種巡訪方式也是本書後續要介紹到的很多演算法的基礎，例如，找到圖中的重連通分量或拓撲排序（見6.7節和6.8節）。

實作細節

為了不重覆巡訪一個頂點的相鄰節點，我們需要使用一個布林型陣列對已存取過的節點進行標註。

```python
def dfs_recursive(graph, node, seen):
    seen[node] = True
    for neighbor in graph[node]:
        if not seen[neighbor]:
            dfs_recursive(graph, neighbor, seen)
```

更好的實作

上述使用遞迴的實作方式不能處理較大的圖，因為程式的呼叫堆疊是有限的。在Python語言中，setrecursionlimit方法讓我們能稍微突

破一點限制，但整體來說，遞迴呼叫還是不能超過數千次。為了緩解這個問題、提高效率，可以採用迭代方式的實作。to_visit的堆疊包含所有被發現但尚未處理的頂點。

```python
def dfs_iterative(graph, start, seen):
    seen[start] = True
    to_visit = [start]
    while to_visit :
        node = to_visit.pop()
        for neighbor in graph[node]:
            if not seen[neighbor]:
                seen[neighbor] = True
                to_visit.append(neighbor)
```

網格的情況

假設一個網格中某些格子是可以通過的（使用字元填充），而某些格子不能通過（使用#字元填充），就如同一個迷宮。從一個格子開始，我們可以抵達其周圍相鄰的4個格子；位於邊緣的格子除外，因為其相鄰格子較少。在下述實作中，我們藉助這個網格，並用字元X標註已存取過的格子。為了最佳化它的可讀性，我們使用了遞迴巡訪方式。

```python
def dfs_grid(grid, i, j, mark='X', free='.'):
    height = len(grid)
    width = len(grid[0])
    to_visit = [(i, j)]
    grid[i][j] = mark
    while to_visit:
        i1, j1 = to_visit.pop()
        for i2, j2 in[(i1 + 1, j1), (i1, j1 + 1),
                      (i1 - 1, j1), (i1, j1 - 1)]:
            if 0 <= i2 < height and 0 <= j2 < width and \
               grid[i2][j2] == free:
                grid[i2][j2] = mark                     # 標註已存取狀態
                to_visit.append((i2, j2))
```

6-5　廣度優先巡訪：廣度優先演算法

定義

與其從當前節點開始巡訪盡可能遠的距離（**深度優先**），不如從一個起始節點開始，按距離漸進順序枚舉一個圖的所有節點（**廣度優先**）。廣度優先演算法的英語全稱為 Breadth-First Search，簡稱BFS演算法。

關鍵測試

我們從初始節點開始按照距離升序處理所有節點，因此，就需要一個能夠維護這個順序的資料結構。佇列是一個不錯的選項：如果對於每個被取出作為頭部的頂點，我們都把其相鄰節點添加到尾部，那麼在任意情況下都能證明，該頂點在頭部只包含距離為 d 的節點，在尾部僅包含距離為 $d+1$ 的節點；只要距離為 d 的頂點在頭部尚未被用完，那麼在尾部就只有被添加的距離為 $d+1$ 的頂點。

時間複雜度為線性的 $O(|V|+|E|)$ 的演算法

廣度優先演算法使用與深度優先演算法相同的資料結構，但有兩個差別：一是深度優先演算法使用堆疊，而廣度優先演算法使用佇列；二是在廣度優先演算法中，頂點只在被加入佇列時被標註，在離開佇列時不標註，否則，記憶體的使用將會達到二次方的複雜度。

實作細節

　　廣度優先演算法的主要好處是，它能在一個給定的非加權圖的資料來源中確定距離。演算法的實作計算了這些距離，以及在最短路徑樹形結構中的前驅頂點。距離陣列同樣也用於標註巡訪過程中遇到的頂點。

```python
from collections import deque

def bfs(graph, start=0):
    to_visit = deque()
    dist = [float('inf')] * len(graph)
    prec = [None] * len(graph)
    dist[start] = 0
    to_visit.appendleft(start)
    while to_visit:                         # 一個空的佇列值是「false」
        node = to_visit.pop()
        for neighbor in graph[node]:
            if dist[neighbor] == float('inf'):
                dist[neighbor] = dist[node] + 1
                prec[neighbor] = node
                to_visit.appendleft(neighbor)
    return dist, prec
```

6-6 連通分量

定義

如果對於 A 中的頂點 u 和 v，存在一條從 u 到 v 的路徑，那麼圖中滿足 $A \subset V$ 的部分被稱作連通分量。例如，我們可以計算一個圖的**連通分量**。當圖中只存在唯一一個連通分量的時候，就被稱作連通圖。

圖 6.3 展示了用 ASCII Art 製作的 Clean Bandit 樂隊的標誌[1]。它可以被視為一個用 # 字元表示頂點的圖，而且，若且唯若兩個頂點垂直或水平地互相接觸時，這兩個頂點才會被一條邊連接。這個圖包含 4 個連通分量。

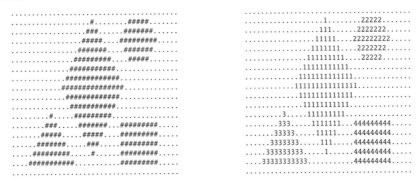

圖 6.3　對 Clean Bandit 樂隊的標誌圖像執行演算法前和執行演算法後的網格狀態[2]

---

[1] [譯者註] ASCII Art 是一種使用 ASCII 字元（包含很多控制字元）拼接組合形成文字、圖片和動畫的藝術表現形式。

[2] [譯者註] 注意，每個連通分量中的元素都用其編號來填充。

🔬 應用

假設桌子上放著一枚骰子，我們從垂直方向對骰子拍攝照片，並希望用簡單方法確定反面的點數。為了達到目的，我們用灰階將該圖像色調分離（即減少顏色的數量），以便獲取一張黑白圖片，讓骰子的每個點都對應圖片中的一個連通分量（圖6.4）。

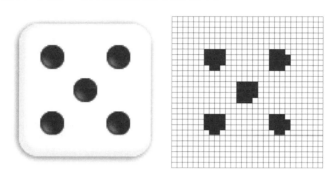

圖 6.4　一個骰子的照片和色調分離後的圖片

🔬 深度優先演算法

深度優先巡訪從頂點 u 開始，並且只能巡訪從 u 開始可以抵達的所有頂點。所以，連通分量一定包含 u。我們以當前分量的編號作為存取標記。

```python
def dfs_grid(grid, i, j, mark, free):
    grid[i][j] = mark
    height = len(grid)
    width = len(grid[0])
    for ni, nj in[(i + 1, j), (i, j + 1),          # 四個相鄰節點
                  (i - 1, j), (i, j - 1)]:
        if 0 <= ni < height and 0 <= nj < width:
            if grid[ni][nj] == free:
                dfs_grid(grid, ni, nj, mark, free)
```

只要有連通分量，我們就一直執行深度優先巡訪。橫向和縱向巡訪網格，一旦遇到一個包含#號字元的格子，我們就知道遇到了一個連通分量。然後，從這個格子開始深度優先巡訪，確定連通分量的所有組成元素。

```python
def nb_connected_components_grid(grid, free='#'):
    nb_components = 0
    height = len(grid)
    width = len(grid[0])
    for i in range(height):
        for j in range(width):
            if grid[i][j] == free:
                nb_components += 1
                dfs_grid(grid, i, j, str(nb_components), free)
    return nb_components
```

每個包含#字元的格子僅會被存取一次，所以演算法的複雜度是 $O(|V|)$，也就是說，這個演算法與頂點數量成線性關係。

使用聯合尋找集合結構的演算法

這個圖是無向圖，所以「u 和 v 之間存在一條路徑」和「v 和 u 之間存在一條路徑」成等價關係。因此，連通分量就是這個關係的等價類型。因此，聯合尋找集合是一個非常適合呈現問題的資料結構（見1.5.5節）。

複雜度

聯合尋找集合結構演算法的複雜度，比深度優先演算法略差。然而，假如要處理的圖的邊數會變動，而且需要隨時知道連通分量的數量，那麼聯合尋找集合結構演算法就十分必要。

```python
def nb_connected_components(graph):
    n = len(graph)
    uf = UnionFind(n)
    nb_components = n
```

```
for node in range(n):
    for neighbor in graph[node]:
        if uf.union(node, neighbor):
            nb_components -= 1
return nb_components
```

對一個圖斷開的應用

假設一個圖的邊會隨著時間逐漸消失，也就是說，這個圖是一個隨時間 i 前進而消失的邊的序列 $e_1, \cdots, e_{|E|}$，例如邊 e_i 會在 i 時刻消失。我們希望找到一個時間點，從那一刻開始，圖不再是連通的。

我們在時間 $t = |E|$（包括 $|V|$ 個連通分量）從無邊圖開始。在每個步驟中，我們添加一條邊並觀察連通分量的數量是否變化。當連通分量的數量變成 1 時，我們知道圖已經變成定義上的連通圖，而且 $t+1$ 就是我們需要找的值。

6-7 雙連通分量

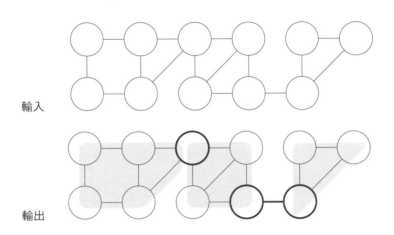

輸入

輸出

應用

　　給定一個圖，圖中每個頂點和每條邊被破壞掉時都有一個成本值，我們希望找到唯一一個頂點或者唯一一條邊，以便在把圖變得不連通時成本最低。注意，這個問題和尋找一個邊數最小的集合來斷開圖的問題有區別，後者是本書9.8節要介紹的最小切割問題。

定義：這是一個無向連通圖。

—**斷開連接的頂點**，又稱**銜接點**，被刪除後就使圖不再連通。

—**斷開連接的邊**，又稱**橋**，被刪除後就使圖不再連通（圖6.7）。

—**雙連通分量**是一個包含最大數量邊的集合，對於一個（被限制在該邊集合和所有鄰接頂點範圍內的）圖來說，既不存在一條斷開連接的邊，也不存在一個斷開連接的頂點。

—不是橋的邊，分佈於雙連通分量之間。

一個雙連通分量 S 還有以下特性：對於所有頂點對 $(s,t) \in S$，一定存在從 s 到 t 且通過不同頂點的兩條不同路徑。注意，雙連通分量是由一部分邊定義的，而不是由一部分頂點定義的。其實，一個頂點可以屬於多個雙連通分量，如圖 6.6 中的頂點 5。

對於一個給定的無向圖，我們要把它拆分成多個雙連通分量。

複雜度：使用深度優先演算法的複雜度是線性的（見參考文獻 [14]）。

細緻的深度優先巡訪

在上文中，我們描述了圖的深度優先演算法。現在，要在頂點和邊上增加附加資訊。首先，頂點按照被處理的順序編號。陣列 dfs_num 保存了這個資訊。

為每條邊都生成兩條弧，一個無向圖就可以表示為有向圖。深度優先演算法巡訪了圖的所有邊，我們用下面描述方式區分這些邊（圖 6.5）。

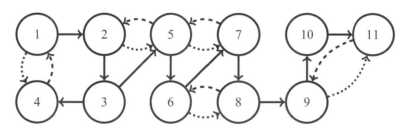

圖 6.5 頂點按照被處理的順序編號，保存在 dfs_num 中。實線表示連接弧，虛線表示回到頂點的弧，點虛線表示離開頂點的弧。對於每個連接弧 (u,v) 都存在著一個反向連接 (v,u)，為閱讀方便，這個反向連接沒有在圖上標出

一條弧 (u,v) 可呈現以下形式：

一連接弧：如果在處理 u 的時候，v 被第一次遇到。連接弧在巡訪圖的過程中形成了覆蓋樹，又稱作 DFS 樹。

一反向連接弧：如果 (v,u) 是一條連接弧。

— 返回弧：如果 v 已經被遇到，且它在DFS樹中是 u 的祖先。

— 離開弧：如果 v 已經被遇到，且它在DFS樹中是 u 的後代。在有向圖的一次深度優先巡訪中，還額外存在一種弧——**跨越弧**，它通向一個已經遇到的頂點，但該頂點既不是祖先頂點也不是後代頂點。我們在本節中不考慮無向圖，因此可以忽略這類弧。

確定弧的類型

透過比較 dfs_num 兩端的值，很容易確定弧的類型（圖6.6）。具體來講，對於每個頂點 v，除了 dfs_num[v]，我們還要確定演算法的關鍵值之一 dfs_low[v]。它被定義為，當 w 是 v 的後代時，所有返回弧 (w,u) 的 dfs_num[u] 最小值。因此，這個最小值可從頂點 u 取到。透過一個（可以為空的）連接弧序列，並經過一條返回弧後從 v 可以抵達頂點 u。如果沒有這種頂點 u，我們定義 dfs_num[u]= ∞。

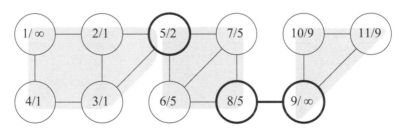

圖 6.6 所有頂點被標註了 dfs_num 和 dfs_low，加粗的頂點和邊是不連通的頂點和邊

關鍵測試：上述這個值被用來確定頂點和不連通邊。

1. 一個頂點 u 是DFS樹的根節點，若且唯若它在樹中擁有至少兩個子節點時，它是不連通節點。每個子節點 v 都滿足 dfs_low[v]≥dfs_num[u]。

2. 一個頂點 u 不是DFS樹的根節點，若且唯若它在樹中擁有至少一個子節點 v，且滿足 dfs_low[v]≥dfs_num[u] 時，它是不連通節點。

3. 一條邊 (u,v)（交換了 u 和旁邊的 v），若且唯若 (u,v) 是一條連接弧且

滿足 dfs_low[*u*]≥dfs_num[*v*] 時，它是一條不連通邊。

為了確定雙連通分量，只需在開始一個新雙連通分量的時候應用上述定義即可（圖 6.7）。

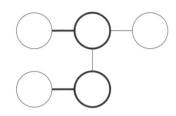

圖 6.7　兩個不連通節點中間的一條邊不總是一條不連通邊，一條不連通邊的兩端也不總是不連通節點

實作細節

father 陣列包含了 DFS 樹中每個頂點的前驅，而且也可以確定 DFS 樹的根節點。對於每個頂點 *u*，我們在 critical_childs[*u*] 中記錄子節點 *v* 在樹中的數量，且 dfs_low[*v*]≥dfs_num[*u*]。在確定每個從 *v* 出發的返回弧時，dfs_low[*v*] 的值被更新。在處理的最後，這個值被傳播向 DFS 樹中的父頂點。

```
# pour faciliter la lecture les variables sont sans préfixe dfs_
def cut_nodes_edges(graph):
    n = len(graph)
    time = 0
    num = [None] * n
    low = [n] * n
    # father[v] = f 的父節點, 如果它是跟節點則是 none
    father = [None] * n
    # c_childs[u] = nb fils v tq low[v] >= num[u]
    critical_childs = [0] * n
    times_seen = [-1] * n
    for start in range(n):
        if times_seen[start] == -1:                # 初始化 DFS 巡訪
            times_seen[start] = 0
            to_visit = [start]
            while to_visit:
```

```python
                    node = to_visit[-1]
                    if times_seen[node] == 0:           # 開始處理
                    num[node] = time
                    time += 1
                    low[node] = float('inf')
                children = graph[node]
                if times_seen[node] == len(children):    # 結束處理
                    to_visit.pop()
                    up = father[node]                    # 把下層傳播到父節點
                    if up is not None:
                        low[up] = min(low[up], low[node])
                        if low[node] >= num[up]:
                            critical_childs[up] += 1
                else:
                    child = children[times_seen[node]]    # 下一條弧
                    times_seen[node] += 1
                    if times_seen[child] == -1:           # 還沒存取過
                        father[child] = node              # 連接弧
                        times_seen[child] = 0
                        to_visit.append(child)            # (上方)返回弧
                    elif num[child] < num[node] and \
                      father[node] != child:
                        low[node] = min(low[node], num[child])
    cut_edges = []
    cut_nodes = []                                        # 輸出結果
    for node in range(n):
        if father[node] == None:                          # 特徵
            if critical_childs[node] >= 2:
                cut_nodes.append(node)
        else:                                             # 內部節點
            if critical_childs[node] >= 1:
                cut_nodes.append(node)
            if low[node] >= num[node]:
                cut_edges.append((father[node], node))
    return cut_nodes, cut_edges
```

6-8　拓撲排序

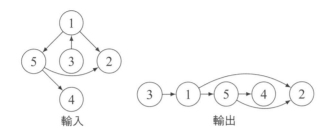

輸入　　　　　　　　　　輸出

定義

給定一個有向圖 G(V, A)，我們希望把頂點按照等級 r 排序，使得對於每條弧 (u, v)，都有 $r(u) < r(v)$。

應用

圖可以表示一系列任務，其中從 u 到 v 的弧 $(u \rightarrow v)$ 表示了 u 和 v 之間的依賴關係，即「一定要在 v 之前執行 u」。我們關心的是滿足依賴關係的任務執行順序。

首先有幾點注意事項：

— 同一個圖存在多種拓撲排序方式。例如，如果序列 s 是 G_1 的拓撲排序，而 t 是 G2 的拓撲排序，那麼 st 和 ts 都是 G_1 和 G_2 的聯集組成的圖的拓撲排序。

— 一個包含環的圖上不能接納拓撲排序：環的每個頂點都需要在其他頂點前被處理。

— 一個不包含環的圖至少能接納一種拓撲排序，詳見下面的分析。

複雜度：輸入資料大小決定的線性複雜度。

使用深度優先巡訪的演算法

如果只在處理完一個頂點的所有相鄰節點之後才處理頂點，我們就能得到一個反向拓撲排序。因此，如果 $u \rightarrow v$ 是一個依賴，那麼：

— 要嘛 v 在 u 之前被巡訪，此時 v 已被處理過（否則，這意味著從 v 可以抵達 u，那麼圖中包含一個環），而且逆序的拓撲順序被滿足；

— 要嘛是從 u 開始巡訪到 v，此時 u 會在 v 之後被處理，逆序拓撲排序再次被滿足。前面介紹過的深度優先巡訪在此處適用，因為它不能確定頂點被處理的結束日期。以下實作方式使用陣列 seen，陣列用 -1 值來表示每個未被遇到的頂點；否則，這個值指出的是已被巡訪頂點的直接後代數量。當這個計數器與某個節點的子節點數量一致時，對該節點的處理就結束了，然後它就會被添加入序列 order。該序列保存著一個反向拓撲排序，必須在演算法結尾處把該排序逆轉。

```python
def topological_order_dfs(graph):
    n = len(graph)
    order = []
    times_seen = [-1] * n
    for start in range(n):
        if times_seen[start] == -1:
            times_seen[start] = 0
            to_visit = [start]
            while to_visit:
                node = to_visit[-1]
                children = graph[node]
                if times_seen[node] == len(children):
                    to_visit.pop()
                    order.append(node)
                else:
                    child = children[times_seen[node]]
                    times_seen[node] += 1
                    if times_seen[child] == -1:
                        times_seen[child] = 0
                        to_visit.append(child)
    return order[::-1]
```

貪婪演算法

有一個替代方案是以頂點的輸入度為主。設想一個無環圖。直觀可知，我們首先把所有無前驅節點的節點強制加入結果序列，然後將它從圖中刪掉，再把圖中無前驅節點的新節點加入結果序列，以此類推。這個過程最終會結束，因為一個無環圖總存在一個無前驅節點的頂點，而且刪除一個節點仍能保持圖中沒有環。

```python
def topological_order(graph):
    V = range(len(graph))
    indeg = [0 for _ in V]
    for node in V:                              # 確定輸入度
        for neighbor in graph[node]:
            indeg[neighbor] += 1
    Q = [node for node in V if indeg[node] == 0]
    order = []
    while Q:
        node = Q.pop()                          # 沒有進入的頂點
        order.append(node)
        for neighbor in graph[node]:
            indeg[neighbor] -= 1
            if indeg[neighbor] == 0:
                Q.append(neighbor)
    return order
```

應用

給定一個無環圖和兩個頂點 s 和 t，我們希望計算從 s 到 t 的路徑數量，或者當弧上有權重時，找到最長[註1]的一條路徑。一個線性時間複雜度的演算法使用了拓撲排序，並能按此順序在節點上應用動態規劃。

例如，動態規劃 $P[s] = 0$，$P[v] = 1 + \max_u P[u]$ 計算了從 s 到 t 的最長路徑，其中最長值的計算基於所有進入 v 節點的弧 (u, v)。

---

[1] [譯者註] 即權重最大。

6-9 強連通分量

定義

對於有向圖的一部分 A⊂V，當 A 中所有頂點對 (u,v) 都包含著 A 內一條連接從 u 到 v 的路徑時，A 就被稱為強連通分量。注意，在這種情況下同樣存在一條路徑連接著從 v 到 u（圖6.8）。

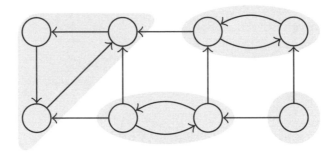

圖 6.8　一個圖的一部分是強連通分量

關鍵測試

分量圖是所有強連通分量收縮成超頂點後的結果。分量圖是無環的，因為每個有向圖的環都包含在唯一一個強連通分量中。

複雜度：使用以下演算法能得到線性複雜度。

Tarjan 演算法：

Tarjan 演算法（見參考文獻[27]）只執行一次深度巡訪，並把所有頂點按照處理的時間順序編號。演算法同樣會把巡訪中遇到的頂點放入 waiting 堆疊，直到這些頂點能被分組到某個強連通分量中。當檢測到

一個分量時，就把它從 waiting 堆疊中刪掉。這意味著，所有已被發現的分量的進入弧都會被忽略掉。

一次深度巡訪會透過第一個頂點 v_0 進入一個分量 C，然後巡訪分量中所有的頂點，甚至會巡訪所有可以從 C 到達的頂點。當頂點 v_0 在 DFS 樹中的所有後代節點都被處理完畢時，對頂點 v_0 的處理結束。從結構上看，顯然在 v_0 處理結束的時候，waiting 堆疊在 v_0 之上，包含著所有 C 的頂點。我們把 waiting 堆疊稱為 C 的**代表點**。頂點按照處理順序編號，因此 C 的代表點編號最小。問題難在如何找到一個分量的代表點。

為此，演算法為每個頂點 v 計算了兩個值：一個是每個頂點被處理時被賦予的深度巡訪順序編號 dfs_num[v]；另一個是 dfs_min[v]，即所有尚未分入一個強連通分量的頂點 u 的 dfs_num[u] 最小值。這些頂點仍在等待分組。從頂點 v 出發，透過一系列連接弧就能達到這些頂點，而這些連接弧之後很可能跟著唯一一個返回弧，返回到 v。因此，dfs_min[v] 值也被定義為所有離開弧 (v,u) 的最小值。

$$dfs\_min[v] := \min_u \begin{cases} dfs\_num[v] & \\ dfs\_min[u] & \text{如果 } (v,u) \text{ 是一條連接弧} \\ dfs\_num[u] & \text{如果 } (v,u) \text{ 是一條返回弧} \end{cases}$$

注意，這個值與 6.7 節中描述的 dfs_low[v] 不同，後者不存在等待分組的頂點概念，而且 dfs_low[v] 可以取值 ∞。

假設一個沒有離開弧的分量 C 和一個頂點 $v \in C$。同時假設 A 為根節點是 v 的 DFS 子樹，而且在 v 之前存在一條離開 A 並指向頂點 u 的返回弧。由於 C 沒有離開弧，u 是 C 的一部分且 v 不是 C 的代表點。在這種情況下，我們有 dfs_min[v] < dfs_num[v]。如果不存在離開 A 的返回弧，那麼 A 包含一個強連通分量。由於 A 在 C 之內，這棵樹就覆蓋了 C，而 v 就是 C 的代表點。在 dfs_min[v]==dfs_num[v] 時，就可以看到這種情況。

實作細節

在維護waiting堆疊的同時，演算法維護一個布林型陣列waits，用於在常數時間內檢測頂點是否已經進入堆疊。因此，把相關進入的弧設置為False，很容易就能把一個頂點從圖中刪除掉[註1]。

演算法返回其中一個陣列，該陣列包含每個分量的頂點。注意，這些分量是透過反向拓撲順序確定的。我們後面求解一個2-SAT方程時，會用到這個演算法。

```python
def tarjan_recursif(graph):
    global sccp, waiting, dfs_time, dfs_num
    sccp = []
    waiting = []
    waits = [False] * len(graph)
    dfs_time = 0
    dfs_num = [None] * len(graph)

    def dfs(node):
        global sccp, waiting, dfs_time, dfs_num
        waiting.append(node)                        # 新的等待頂點
        waits[node] = True dfs_num[node] = dfs_time
        dfs_time += 1                               # 標註頂點已經被存取過
        dfs_min = dfs_num[node]
        for neighbor in graph[node]:                # 計算 dfs_min
            if dfs_num[neighbor] == None:
                dfs_min = min(dfs_min, dfs(neighbor))
            elif waits[neighbor] and dfs_min > dfs_num[neighbor]:
                dfs_min = dfs_num[neighbor]
        if dfs_min == dfs_num[node]:                # 一個分量的代表點
            sccp.append([])                         # 新建分量
            while True:                             # 把等待頂點加入分量
                u = waiting.pop()
                waits[u] = False
                sccp[-1].append(u)
                if u == node:                       # 直到代表點
                    break
```

---

[1] [譯者註] 也就是說，透過斷開弧來斷開頂點之間的連接，進而把一個頂點從一個分量中切掉。

```
        return dfs_min

    for node in range(len(graph)):
        if dfs_num[node] == None:
            dfs(node)
    return sccp
```

迭代版本

例如在處理100,000個頂點的大圖時，需要使用演算法的迭代版本。這裡計數器times_seen 能標註頂點是否被遇到，同時記錄已被計算過的相鄰節點數量。

```
def tarjan(graph):
    n = len(graph)
    dfs_num = [None] * n
    dfs_min = [n] * n
    waiting = []
    waits = [False] * n          # 常數：waits[v] 表示 v 是否在等待處理
    sccp = []                    # 已經確定的分量陣列
    dfs_time = 0
    times_seen = [-1] * n
    for start in range(n):
        if times_seen[start] == -1:              # 巡訪初始化
            times_seen[start] = 0
            to_visit = [start]
            while to_visit :
                node = to_visit[-1]               # 頂點的堆疊
                if times_seen[node] == 0:          # 開始處理
                    dfs_num[node] = dfs_time
                    dfs_min[node] = dfs_time
                    dfs_time += 1
                    waiting.append(node)
                    waits[node] = True
                children = graph[node]
                if times_seen[node] == len(children): # 結束處理
                    to_visit.pop()                    # 取出堆疊
                    dfs_min[node] = dfs_num[node]  # 計算 dfs_min
                    for child in children:
```

```
                    if waits[child] and dfs_min[child] < \
                     dfs_min[node]:
                            dfs_min[node] = dfs_min[child]
            if dfs_min[node] == dfs_num[node]:   # 代表點
                component = []                    # 新建分量
                while True:                       # 新增頂點
                    u = waiting.pop()
                    waits[u] = False
                    component.append(u)
                    if u == node:                 # 直到代表點
                        break
                sccp.append(component)
        else:
            child = children[times_seen[node]]
            times_seen[node] += 1
            if times_seen[child] == -1:      # 還沒有存取過
            times_seen[child] = 0
                to_visit.append(child)
    return sccp
```

Kosaraju 演算法

Kosaraju提出了一種不同的演算法（見參考文獻[20]），複雜度同樣是線性的。在現實中，Kosaraju演算法的複雜度與Tarjan演算法接近，但更容易理解。

演算法的核心在於首先執行一次深度優先巡訪，然後在把所有弧反向後的圖上執行第二次深度優先巡訪。通常公式 $A^T := \{(v,u)(u,v) \in A\}$ 記錄了所有弧反向之後的結果。演算法分為以下兩個步驟：

1. 對 $G(V,A)$ 執行深度優先巡訪，使用 $f[v]$ 來記錄處理頂點 v 的結束時間。

2. 對 $G(V,A^T)$ 執行深度優先巡訪，以 $f[v]$ 降序排列後的根節點 v 作為巡訪源點。

在第二次巡訪中，每個遇到的樹形結構都是一個強連通分量。驗證演算法的基本構思是，如果把每個強連通分量 C 與整數 $F(C) := \max_{u \in C} f_u$ 相關聯，那麼 F 能透過處理 $G(V, A^T)$ 的強連通分量，得到一個拓撲排序。因此在第二次巡訪中，每個樹形結構都留在一個分量內部，因為只有離開弧會指向已存取過的分量。

實作細節

陣列 sccp（strongly connected component）包含了所有強連通分量的串列。

```python
def kosaraju_dfs(graph, nodes, order, sccp):
    times_seen = [-1] * len(graph)
    for start in nodes :
        if times_seen[start] == -1:                    # 初始化深度優先巡訪
            to_visit = [start]
            times_seen[start] = 0
            sccp.append([start])
            while to_visit:
                node = to_visit[-1]
                children = graph[node]
                if times_seen[node] == len(children):   # 結束處理
                    to_visit.pop()
                    order.append(node)
                else:
                    child = children[times_seen[node]]
                    times_seen[node] += 1
                    if times_seen[child] == -1:         # 新節點
                        times_seen[child] = 0
                        to_visit.append(child)
                        sccp[-1].append(child)

def reverse(graph):
    rev_graph = [[] for node in graph]
    for node in range(len(graph)):
        for neighbor in graph[node]:
            rev_graph[neighbor].append(node)
    return rev_graph
```

```python
def kosaraju(graph):
    n = len(graph)
    order = []
    sccp = []
    kosaraju_dfs(graph, range(n), order, [])
    kosaraju_dfs(reverse(graph), order[::-1], [], sccp)
    return sccp[::-1]                    # 使用拓撲逆序
```

6-10　可滿足性

很多決策問題都可以採用「是否滿足布林方程式」的構思來建模，這就是可滿足性問題。

定義

假設有 n 個布林型變數。一個**命題**是一個變數或一個變數的逆值。一個**語句**是多個命題的「或組合」，也就是說，當至少有一個命題為真時，這個語句成立。一個**公式**是多個命題的「與（and）組合」，也就是說，只在所有命題都為真時，這個公式成立。最終目的是弄清是否存在某個給變數賦值的方式，使方程式成立。

當每個語句都最多包含兩個命題時，一個方程式就被定義為 2-SAT 等級。資訊科學的一個基礎問題就是，能否證明在線性時間內找到使一個 2-SAT 方程式成立的結果，然而一般來說（以 3-SAT 方程式為例），我們在最壞情況下不知道在多項式時間內解決問題的演算法。

複雜度：線性。

使用有向圖建模

兩個命題的邏輯或（ $x \vee y$ ）等價於 $\bar{x} \Rightarrow y$ ，甚至 $\bar{y} \Rightarrow x$ 。我們把這個等價圖與一個 2-SAT 方程式做相關，其中頂點是命題，弧與語句等價。圖 6.9 展現了嚴格的對稱性。

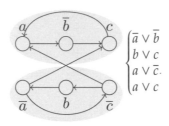

圖 6.9　2-SAT實例圖。圖中有兩個強連通分量，下方分量指向上方分量。因此，把下方所有命題賦值為false，並把上方所有命題賦值為true，就能使方程成立

🧩 關鍵測試

很容易證明，如果在等價圖中存在一個變數 x，並存在一條從 x 到 $\bar{x}$ 的路徑和一條 $\bar{x}$ 到 x 的路徑，那麼2-SAT方程式不成立。出乎意料的是，這個命題的逆命題同樣成立。

由於關聯有傳遞性，因為當方程式能推導出 $x \Rightarrow \bar{x} \Rightarrow x$ 時，方程式不可能成立。因為每次把 x 賦值為 false 或 true 時，都會導致矛盾的結果 false $\Rightarrow$ true。對於逆命題，假設所有變數的逆命題都在另一個強連通分量中。由於有向圖是對稱的，我們可以考慮，每一個強連通分量中都包含著另一個分量所有命題的逆命題。另外，同一個強連通分量中的所有命題必須擁有相同的布林值。利用這個圖，只需把一個分量中所有不包括離開弧的命題賦值為 true，就可能找到一個使方程式成立的賦值。這個賦值一定存在，因為分量組成的圖是無環的。然後，把相對分量賦值為 false，再把這兩個分量切開，重新開始。

為了更有效率，上述找到強連通分量的演算法是按拓撲逆序將強連通分量排序的。只需按照這個順序巡訪分量，把每個沒有值的分量賦值為 true，然後把相對分量賦值為 false。

實作細節

我們用整數對命題進行編碼，如用 $+1, \cdots, +n$ 來記錄 n 個命題變數，用 $-1, \cdots, -n$ 來記錄它們的逆命題。一個語句透過一個整數對來編碼，一個方程透過一個語句的陣列來編碼。每個命題都與等價有向圖 $2n$ 個節點中的一個節點相關。這些節點從 0 到 $2n-1$ 編號，其中 $2i$ 表示變數 x_{i+1}，而 $2i+1$ 表示 $\overline{x_{i+1}}$。相關程式碼如下：

```python
def _vertex(lit):                                    # 用頂點表示給定命題
    if lit > 0:
        return 2 * (lit - 1)
    else:
        return 2 * (-lit - 1) + 1


def two_sat(formula):
    #                                          -- n 是變數的數量
    n = max(abs(clause[p]) for p in(0, 1) for clause in formula)
    graph = [[] for node in range(2 * n)]
    for x, y in formula:                             # x 或 y
        graph[_vertex(-x)].append(_vertex(y)) # -x => y
        graph[_vertex(-y)].append(_vertex(x)) # -y => x
    sccp = tarjan(graph)
    comp_id = [None] * (2 * n)                        # 分量的每個節點的 id
    affectations = [None] * (2 * n)
    for component in sccp:
        rep = min(component)                          # 分量的代表點
        for vtx in component:
            comp_id[vtx] = rep
            if affectations[vtx] == None:
                affectations[vtx] = True
                affectations[vtx ^ 1] = False # 逆命題
    for i in range(n):
        if comp_id[2 * i] == comp_id[2 * i + 1]:
            return None                               # 方程式不成立
    return affectations[::2]
```

Chapter 7

圖中的環

　　許多經典問題都與圖中的環相關，例如地理移動問題或一個依賴圖中的異常問題。最簡單的問題是確定環的存在性、負權重環的存在性，以及總權重最小的環或平均權重最小的環的存在性。其他問題旨在巡訪整個圖，計算僅經過每條邊一次的路徑（歐拉路徑），或者當不可能實作該目標時，計算至少經過每條邊一次的路徑（中國郵差問題）。這些問題都有多項式時間複雜度，因為確定一個能準確通過所有頂點一次的環（哈密頓環）是 NP 複雜問題。

搜索環的演算法		
定位環	$O(|V|+|E|)$	深度優先巡訪
總權重最小的環	$O(|V| \cdot |E|)$	Bellman-Ford演算法（最短路徑演算法）
平均權重最小的環	$O(|V| \cdot |E|)$	Karp演算法
最佳比率環	$O(|V| \cdot |E| \cdot \log \sum t)$	二分搜尋法
歐拉路徑	$O(|V|+|E|)$	窮舉演算法
中國郵差環	$O(\sqrt{|V|} \cdot |E|)$	最小權重完美連接
旅行商問題	$O(|V|2^{|V|})$	動態規劃

7-1 歐拉路徑

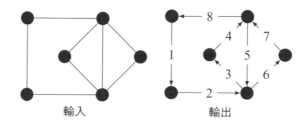

輸入　　　　　輸出

應用

你在加里寧格勒（舊稱柯尼斯堡）旅遊，能否找到一條遊覽路徑，走過城中所有橋僅僅一次，而且還能回到出發點？這就是歐拉在1736年所研究的問題[1]。

定義

給定一個連通圖 $G(V,E)$，圖的每個頂點都是偶數價的[2]。我們要在圖中找到精確經過每條邊一次的環。有向圖和強連通分量也有同樣的問題，這時會要求離開頂點的價與進入頂點的價一致。

線性時間複雜度的演算法

若且唯若一個圖的所有頂點都是偶數價的時候，它才包含歐拉路徑。這點已在1736年被歐拉證明。同樣的，對於一個有向圖，若且唯

1　[譯者註] 加里寧格勒是一座俄羅斯城市，與波蘭和立陶宛相接，是俄羅斯的一塊飛地。城中有七座橋將普列戈利亞河中兩個島，以及島與河岸連接起來，因此這個問題也稱作「歐拉七橋」問題，奠定了現代圖論和拓撲學的基礎。

2　[譯者註] 連接頂點的邊或弧的數量是偶數。

若它是連通圖，且其所有頂點的離開價等於進入價時，它才包含歐拉路徑。怎樣才能找到這樣一個環？1873年，Hierholzer提出了以下演算法。隨意找一個頂點 v，從 v 出發把所有經過的邊都標記為不可通過。邊的選擇也可以是隨機的。這樣走一定能返回頂點 v，因為路線末端只能是僅有奇數條可通過邊的鄰接頂點。如此得到的環 C 僅覆蓋一部分圖。在這種情況下，由於圖是連通的，因而一定存在一個頂點 $v' \in C$，它有可通過的邊。我們從 v' 開始新路程，再次得到新的環 C。不斷重複上述過程，直到找到唯一一條歐拉路徑。

為了讓演算法擁有線性時間複雜度，對頂點的搜索一定要有足夠的效率。因此，我們把環 C 切成 P 和 Q 兩部分。P 中的頂點沒有鄰接的可通過邊。只要 Q 非空，我們把 Q 開端的頂點 v 刪除並加入 P 的尾部——就像環在向前滾動一樣。然後，我們試著在這個插入頂點 v 的地方加入一個通過 v 的環。為此，當 v 有一條鄰接可通過邊時，我們僅需巡訪、尋找一個從 v 出發且回到 v 的環 R 即可。接下來，我們把環 R 加入 Q 的開端。由於每條邊僅被考慮一次，於是演算法有了線性時間複雜度。

實作細節

我們從有向圖的演算法實作開始。為了簡化資料控制，我們使用以陣列編碼的堆疊來代表 P、Q、R。當前佇列由堆疊 P 表示，其後是 R，再後是 Q 的鏡像陣列。為了快速找到一條離開某個頂點的可通過邊，我們在計數器 next[node] 中保存離開頂點 node 和已經過的弧的數量。當我們通過弧達到 node 的第 i 個鄰點，且 i＝next[node] 時，只需增加這個計數器的值。

```
def eulerian_tour_directed(graph):
    P = []
    Q = [0]
    R = []
    next = [0] * len(graph)
```

```
    while Q:
        node = Q.pop()
        P.append(node)
        while next[node] < len(graph[node]):
            neighbor = graph[node][next[node]]
            next[node] += 1
            R.append(neighbor)
            node = neighbor
        while R:
            Q.append(R.pop())
    return P
```

　　該演算法的無向圖變形頗為巧妙。一旦弧 (u,v) 被通過，需要把弧 (v,u) 標註為不可通過。我們在陣列 $seen[v]$ 中保存 v 的相鄰頂點 u 的集合，使得弧 (v,u) 不可被通過。為了提高效率，v 在通過弧 (u,v) 的時候不會被加入 $seen[u]$，因為此時計數器 $next[u]$ 已經增加，這條弧不會再被考慮了。

```
def eulerian_tour_undirected(graph):
    P = []
    Q = [0]
    R = []
    next = [0] * len(graph)
    seen = [set() for _ in graph]
    while Q:
        node = Q.pop()
        P.append(node)
        while next[node] < len(graph[node]):
            neighbor = graph[node][next[node]]
            next[node] += 1
            if neighbor not in seen[node]:
                seen[neighbor].add(node)
                R.append(neighbor)
                node = neighbor
        while R:
            Q.append(R.pop())
    return P
```

歐拉路徑的變形

如果一個圖是連通圖，而且所有頂點的價都是偶數——除了兩個頂點 u 和 v 的價是奇數，那麼存在一條路徑僅一次通過所有的邊。這條路徑從 u 開始到 v 結束。只需從 u 開始走，透過上述演算法就能找到這條路徑。為了證明這點，只需臨時添加 (u,v) 邊，並尋找一個歐拉環即可。

7-2 中國郵差問題

應用

1962 年，中國數學家管梅谷做起了郵差工作。他提出了在圖中找到至少巡訪每條邊一次且總距離最短的路徑問題。這正是在城市各街道間分發郵件的郵差必須解決的問題。

定義

指定一個無向連通圖 $G(V, E)$。我們的最終目的是在這張圖中找到一條能夠至少經過每條邊一次的環。當所有頂點的價都是偶數時，解決方法是找到一條歐拉路徑，上一節已經介紹過解法。

複雜度：$O(n^3)$（見參考文獻 [5]）。

演算法

演算法的核心在於處理一張偽圖，即一個允許兩個相同頂點間有多條邊的圖。思考方式是添加邊，使圖**歐拉化**，並形成一條歐拉環路。新增的邊必須把奇數價的頂點連接起來，使圖歐拉化。我們希望盡可能少地添加邊。這些額外添加的邊會形成一個路徑集合，使得奇數價頂點變成偶數價頂點。

因此，問題的核心就變成在一個完整的圖中，使用所有奇數價頂點集合 V 計算一個完美分割，使得在圖 G 中，一條邊 (u, v) 的權重等於 u 和 v 之間的距離。

使用 Floyd-Warshall 演算法計算所有距離需要 $O(n^3)$ 複雜度。此外，以 Gabow 演算法計算最小權重的完美分割可以在時間 $O(n^3)$ 內完成（見參考文獻 [9]），但對本書尋求高效率演算法的主旨而言，該演算法過於複雜了。

7-3　最小長度上的比率權重環：Karp演算法

　　一個經典問題是在一個圖中找到負環。其中一個應用將在後面章節中作為練習。給定 n 種貨幣及其兌換匯率，如何透過交易貨幣來賺錢？在本節中，我們只討論一個解法更優雅的問題。

定義

　　給定一個有權重的有向圖，目的是找到一個環 C，使得環經過的弧的權重平均值 $\frac{\sum_{e \in C} w(e)}{|C|}$ 最小。

應用

　　假設用一個圖的頂點和弧分別給一個系統的狀態和變化建模，每個變化（一條弧）都用所需消耗的資源量來標註權重。在每個時間節點上，系統都處於一個特殊狀態，而且要透過離開弧來進化到下一個狀態。我們的目的是讓長期資源消耗最小化，而最佳方案是一個最小平均權重環。

複雜度為 $O(|V| \cdot |E|)$ 的 Karp 演算法（見參考文獻[16]）

　　演算法假設存在一個從任意頂點都能到達的源點。必要時，可以添加這樣一個頂點到圖中。由於問題焦點是環中弧的平均權重，因此環本身的長度也同樣重要[註1]。因此，相對於簡單計算出最短路徑的方案，我

1　[譯者註] 平均權重是用權重總和除以弧的數量。在權重相等的情況下，弧的數量增多則平均值降低。

們更希望能針對每個頂點 v 和每條弧長 $l=0,\cdots,n$，確定一條從源點到 v 的最短路徑，該路徑準確地由 l 條弧組成。這部分可透過動態規劃來實作。以 $d[l][v]$ 來表示這條最短路徑的權重（即從源點到 v 有 l 條弧）。起初，$d[0][v]$ 的值相對於源點是 0，對於其他所有頂點也是；此後，該值對於每個 $l=1,\cdots,n$ 有：

$$d[l][v]=\min_{u} d[l-1][u]+w_{uv}$$

其中，當進入弧 (u,v) 的權重 w_{uv} 最小時，等式能得到最小值[註1]。我們用 $d[v]=\min_{k\in N} d[k][v]$ 來記錄從源點到 v 的距離。

關鍵測試

對於一個最小平均權重環 C，其權重 λ 如下[註2]：

$$\lambda=\min_{v}\max_{k=0,\ldots,n-1}\frac{d[n][v]-d[k][v]}{n-k} \tag{7.1}$$

為了證明這點，只需從 $\lambda=0$ 開始一系列測試。我們必須證明以上公式的右邊等於 0，這相當於證明：

$$\min_{v}\max_{k=0,\ldots,n-1} d[n][v]-d[k][v]=0$$

由於 $\lambda=0$，圖中不包含負權重的環。對於所有頂點 v，一定存在一條從源點到頂點 v 的非環最短路徑，即[註3]

$$d[v]=\max_{k=0,\ldots,n-1} d[k][v]$$

1　[譯者註] 利用動態規劃的思想，把解 $d[l][v]$ 拆分成 $d[l-1][u]$ 的最小權重和弧 (u,v) 的權重。

2　[譯者註] 在最小平均權重環C的權重公式中，v 是一個從所有頂點都能到達的頂點。從某個頂點開始經過 n 條弧的距離減去經過 k 條弧的距離，除以 n 和 k 的差，就是 n 和 k 間的平均距離，變動 v、n、k，找到一個全體平均值最小的 λ 就是最小平均權重環的權重。

3　[譯者註] 源點到 v 的最短路徑是經過0條弧到 n-1條弧的所有路徑中最短的一條。

因此[註1]

$$\max_{k=0,\dots,n-1} d[n][v]-d[k][v]=d[n][v]-d[v]$$

對於所有滿足 $d[n][v]\ge d[v]$ 的頂點 v，有[註2]

$$\min_v d[n][v]-d[v]\ge 0$$

剩下要做的只是證明對於一個頂點 v，有等式 $d[n][v]=d[v]$。設一個環 C 的頂點 u，由於不存在負環，因此一定存在一條從源點到 u 的權重最小的簡單路徑 P。我們把環 C 的複本補齊到 P，得到一條路徑 P'，該路徑從源點到 u 且長度至少為 n。由於 C 的權重為空（$\lambda=0$），P' 仍是通向 u 的最小權重的路徑。設 P" 為 P' 的前綴[註3]，長度是 n；v 是 P" 的最後一個頂點，P" 也是從源點到達 v 的最短路徑（圖 7.1）。因此，對於這個頂點有 $d[n][v]=d[v]$，這就證明了在 $\lambda=0$ 的情況下，等式成立。

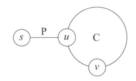

圖 7.1　對 $\lambda=0$ 情況的證明。P是從源點 s 到 u 的最小權重路徑。添加一個權重為0的環C，使得路徑仍是最小權重路徑，因此，在環中遇到的所有頂點即在最小權重路徑中經過的頂點

對於 $\lambda\ne 0$ 的情況，我們來做一個有趣的測試。如果從每個弧的權重中去掉一個值 Δ，λ 的值也只會減少 Δ。如果用 d' 來記錄圖中被更動過的距離，會得到下列等式：

1　[譯者註] 公式右邊的 $d[n][v]$ 是從 v 出發經過 n 條弧的路徑長度，減去從源點到 v 的距離，該值一定是所有路徑中最長的一條，也就是說，走了最多 n 條彎路的路徑。

2　[譯者註] 很明顯，在從 v 出發的路徑中，最短的一條是返回其本身的情況，即 $n=0$。其他情況只要經過任意一個弧都會超過它的長度，因此，經過任意多條弧的路徑最小值減去 v 到源點的距離仍大於等於0。

3　[譯者註] 達成 P' 要求的前一個步驟需要達成 P"，即動態規劃中的問題分解構思。

$$\frac{d'[n][v]-d'[k][v]}{n-k} = \frac{d[n][v]-n\Delta-\big(d'[k][v]-k\Delta\big)}{n-k}$$

$$= \frac{d[n][v]d[k][v]}{n-k} - \frac{n\Delta-k\Delta}{n-k}$$

$$= \frac{d[n][v]d[k][v]}{n-k} - \Delta$$

這證明了等式(7.1)的右邊同樣會減少 Δ。為 Δ 選擇常數 λ，最終同樣會得到 $\lambda=0$ 的情況，這就證明了等式(7.1)。

實作細節

矩陣 dist 保存著上述距離串列。除了這個矩陣，還需要一個變數 prec 來表示一條最短路徑的前驅頂點。在填充好這些矩陣後，我們需要找到頂點對 (v,k) 來最佳化運算式(7.1)，然後提取出環。假如從源點出發找不到任何環，函數返回 None 值。

```python
def min_mean_cycle(graph, weight, start=0):
    INF = float('inf')
    n = len(graph)                          # 計算距離
    dist = [[INF] * n]
    prec = [[None] * n]
    dist[0][start] = 0
    for ell in range(1, n + 1):
        dist.append([INF] * n)
        prec.append([None] * n) for node in range(n):
        for neighbor in graph[node]:
            alt = dist[ell - 1][node] + weight[node][neighbor]
            if alt < dist[ell][neighbor]:
                dist[ell][neighbor] = alt
                prec[ell][neighbor] = node

    #                       -- 確定最佳值
    valmin = INF
    argmin = None
    for node in range(n):
        valmax = -INF
        argmax = None
```

```
    for k in range(n):
        alt = (dist[n][node] - dist[k][node]) / float(n - k)
        #     重最小的 不除以 float(n - k)
        if alt >= valmax:              # 使用 >=，尋找簡單環
            valmax = alt
            argmax = k
    if argmax is not None and valmax < valmin:
        valmin = valmax
        argmin = (node, argmax)
#                                    -- 提取環
if valmin == INF:            # -- 完全沒有環
    return None
C = []
node, k = argmin
for l in range(n, k, -1):
    C.append(node)
    node = prec[l][node]
return C[::-1], valmin
```

7-4 單位時間成本最小比率環

定義

　　一個有向圖的每條弧上都有兩個權重，分別是成本 c 和時間 t。時間為正值或空，而成本是隨機的。演算法的目的是找到一個環，使總成本和總時間的比值最小，問題又稱作「不定線貨船問題」。

應用

　　一條商船的船長希望找到一條收益最大的航海路線。他手頭有一張海圖，完整覆蓋了所有港口和每條港口間航線，每條弧 (u, v) 都被標註了從 u 出發到達 v 所需的時間，以及從 u 採購商品到 v 銷售能夠獲得的利潤。我們的任務是找到一個環，在總時間內讓收益達到最高。

使用二分搜尋法的演算法

　　對於一個環 C，條件是若且唯若[1]

$$\frac{\sum_{a \in C} c(a)}{\sum_{a \in C} t(a)} \le \delta, \quad \sum_{a \in C} c(a) \le \sum_{a \in C} \delta t(a), \quad \sum_{a \in C} c(a) - \delta t(a) \le 0$$

　　其目標值至少是 δ。所以，想找到一個比值比 δ 更好的環，只需在圖中找到一個弧的權重值是 $c(a) - \delta t(a)$ 的負環。這個測試可以用在二分搜尋法中，以得到指定精度的答案。當所有成本和時間權重值都是整數時，精度只需達到 $1/\sum_a t(a)$ 就可以精確解決這個問題。因此，演算法

1　[譯者註] 最左邊的算式，一個環的路徑上所有弧的成本之和除以經過所有弧的時間之和，可以理解為性價比。假如我們需要讓這個值最大，即所有能找到的環的單位收益都小於等於這個值，那麼反推就可以得到使它成立的條件，即最右邊的算式。

的時間複雜度是 $O\left(\log\left(\sum t(a)\right)\cdot|V|\cdot|A|\right)$，其中 V 是頂點的集合，A 是弧的集合。

由於剛開始沒有最佳值 δ 的上界或下界，我們從 $\delta = 1$ 開始測試。當測試結果為負值時，我們就把 δ 乘以 2，以便獲得正值結果 δ'；當測試結果為正值時，即得到最佳值的上、下界。當計算初始值是正值時，我們繼續原有操作，但要除以 2 再繼續[註1]。

---

[1] [譯者註] 二分搜尋法的核心是先指定一個上界和下界，然後把上、下界一分為二，判斷兩部分中哪一部分符合測試要求，然後把符合要求的那一部分的上、下界作為新的上、下界繼續搜尋。

7-5　旅行推銷員問題

定義

給定一個圖，弧上標註了權重，我們希望計算出一條從指定點出發的最短路徑，使路徑能準確經過每個頂點各一次。這樣的路徑稱為「哈密頓路徑」。

複雜度：使用動態規劃情況下為 $O(|V|2^{|V|})$。

演算法

這種決策問題是一個 **NP** 完備問題，我們現在介紹一個當頂點數在 20 個左右時的可接受演算法。為方便描述，假設頂點從 0 開始編號直到 $n-1$，且編號 $n-1$ 的頂點是源點。對於每個集合 $S \subseteq \{0, 1, \cdots, n-2\}$，我們用 $O[S][v]$ 來記錄從源點出發，通過 S 中所有頂點並終止於頂點 v（$v \notin S$）的路徑的最小權重。

對於基本情況，$O[\emptyset][v]$ 就是從編號 $n-1$ 的頂點到頂點 v 的弧長。否則對於非空的 S，弧長為 $O[S][v]$，且當所有頂點 $u \in S$ 時，它是公式

$$O[S \backslash \{u\}][u] + w_{uv}$$

的最小值，其中 w_{uv} 是弧 (u, v) 的權重。

Memo

Chapter 8

最短路徑

圖論的一個經典問題是找到兩個頂點——源點 s 和目標頂點 v 之間的最短路徑。在成本不變的情況下,我們可以找到源點 s 和所有可能目標頂點 v' 之間的最短路徑。因此,在本章介紹的演算法中,我們對有向圖中有唯一源點的普適問題更感興趣。

一條路徑的長度被定義為其所有弧的權重總和。從 s 到 v 的距離被定義為 s 和 v 之間最短路徑長度。為方便表述,我們僅簡單展示如何計算距離。為了獲得一條滿足要求的路徑,在距離陣列之外,只需維護一個前驅頂點陣列。因此,對於一個頂點 u,如果 $dist[v]$ 是從 s 到 v 的距離且 $dist[v]=dist[u]+w[u][v]$,那麼在前驅頂點陣列中保存 $prec[v]=u$。從前驅頂點回溯到源點 s,我們就可以用逆序法確定一條從源點到指定目標頂點的最短路徑。

8-1　組合的屬性

最短路徑擁有組合屬性，這是尋找最短路徑的不同演算法之間的關鍵差異。Bellman稱之為「最佳化原則」，這也是動態規劃問題的核心。讓我們考慮一條從 s 到 v 的路徑 P（也稱 s-v 路徑），它經過一個頂點 u（圖 8.1）。因此，這是一條從 s 到 u 的路徑 P_1 和一條從 u 到 v 的路徑 P_2 的拼接。P的長度是 P_1 和 P_2 的長度和。所以，如果P是從 s 到 v 的最短路徑，那麼 P_1 必定是從 s 到 u 的最短路徑，而且 P_2 也必定是從 u 到 v 的最短路徑。這個結論的證明很簡單，假如我們能用一條更短的路徑替換 P_1，那一定會得到一條比 P 更短的路徑。

圖 8.1　從 s 出發、經過 u 到 v 的最短路徑，是由從 s 到 u 的最短路徑和從 u 到 v 的最短路徑組成的

黑色、白色、灰色頂點

組合屬性是 Dijkstra 演算法及其變形的基礎，用於弧上包含正值和空值權重的圖。演算法維護陣列 dist 來保存從源點 s 到目標頂點 v 的距離；對於沒有找到任何 s-v 路徑的目標頂點 v，保存 $+\infty$。因此，圖的頂點被分成三組（圖 8.2）。黑色頂點是從源點出發的已知最短路徑頂點，灰色頂點是黑色頂點的直接相鄰頂點，白色頂點是還沒有找到任何路徑的頂點。

剛開始，只有源點 s 是黑色的，其 dist[s]=0。s 的直接相鄰頂點都是灰色的，dist[v] 是弧 (s,v) 的權重。其他頂點都是白色的。然後，演算法迴圈標註一個頂點的顏色為黑色或灰色，並把其相鄰白色頂點標註為灰色，其他維持不變。最終，所有從源點可到達的頂點都會被標註為黑色，而其他頂點會是白色。

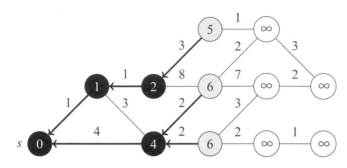

圖 8.2　使用Dijkstra演算法標註頂點顏色。每個頂點v都以從源點到其之間的距離 $dist[v]$來標註，用prec表示的弧以粗體顯示

關鍵測試

　　哪個灰色頂點會被選中並標註為黑色？答案是令$dist[v]$最小的灰色頂點。為什麼這個選擇能奏效呢？讓我們考慮一個隨機的s-v路徑P。由於s是黑色的而v是灰色的，因而在這條路徑上一定存在一個頂點u是灰色的。所以，P可以拆分為一條s-u路徑P_1和一條u-v路徑P_2；其中P_1僅包含黑色的中間頂點，除了u。透過選擇v，且$dist[u] \geq dist[v]$，並假設所有弧的權重都是正值或空值，那麼P2的長度就是正值或空值。所以，P的長度一定至少是$dist[v]$。由於這個P是隨機選擇的，這就證明了最短路徑s-v的長度是$dist[v]$。因此，把v標註為黑色是有效的。為了維護狀態不變的頂點，必須確保能從v出發並經過一條弧抵達每個頂點v'；當v'不是灰色時，把v'標註為灰色，而$dist[v]+w[v][v']$是找到$dist[v']$的一個新候選方案。

最短路徑演算法		
沒有權重	$O(|E|)$	廣度優先巡訪（BFS）
權重為0或1	$O(|E|)$	使用雙向佇列的Dijkstra演算法
權重為正值或空值	$O(|E|\log|V|)$	Dijkstra演算法
隨機權重	$O(|V| \cdot |E|)$	Bellman-Ford演算法
所有源點	$O(|V|^3)$	Floyd-Warshall演算法

灰色頂點的資料結構

在每次巡訪過程中，我們都要尋找一個灰色頂點 v 使得 $dist[v]$ 最小，所以使用一個優先順序序列來儲存頂點 v 的候選者是合理的，$dist$ 的值成了優先順序的值。這就是 Dijkstra 演算法選擇的實作方式。因此用最短距離來選擇頂點，可以在頂點數量的對數時間內完成。

如果圖比較簡單，我們可以用一個更簡單的資料結構。例如，當所有弧的權重都在集合 $\{0,1\}$ 中時，只可能存在兩種類型的灰色頂點，即距離為 d 的頂點和距離為 $d+1$ 的頂點。因此，優先順序佇列可以採用更簡單的雙向佇列來實作。佇列包含了用優先順序排序的灰色頂點串列，只需在常數時間內從佇列左側抽取一個頂點 v 並標註為黑色。v 的相鄰頂點將根據其相關弧的權重是 0 還是 1 被添加到佇列的左側或右側（圖8.2）。最終，所有佇列的操作時間都是常數時間，相對於 Dijkstra 演算法，這能節省一個對數因數的時間。

如果圖還要更加簡單，即所有弧的權重都相同——在某種程度上這就是無權重圖，那麼雙向佇列可以被簡單佇列來替換。請參閱 6.5 節介紹的廣度優先演算法。

8-2　權重為0或1的圖

定義

給定一個圖，其所有弧的權重都是 0 或 1，同時給定一個源點 s，希望計算 s 到其他頂點的距離。

應用

假設有一張 $N \times M$ 的矩形迷宮地圖，迷宮裡有障礙物。你希望在盡可能少拆牆面的前提之下，找到走出迷宮的方法。這個迷宮可以被視為一個有向圖，從一個格子到相鄰格子的弧的權重，不是 0（通向一個空格），就是 1（通向一個有障礙物的格子）。現在要盡可能少拆牆，找到從起點到出口的最短路徑。

演算法

我們使用最短路徑演算法的通用結構。在任何情況下，圖中所有頂點都被分成三組：黑色、灰色和白色。

演算法維護一個雙向佇列，佇列保存所有灰色頂點，以及在插入時是灰色但會變成黑色的頂點。佇列優先順序的值是 x，所有黑色頂點 v 滿足 $dist[v]=x$。直到某個特定位置，所有灰色頂點 v 滿足 $dist[v]=x$，而後續頂點滿足 $dist[v]=x+1$。

一旦這個佇列非空，演算法從佇列頭部提取頂點 v，其值 $dist[v]$ 一定是最小的。如果這個頂點已經是黑色的，就不需要任何操作；否則，該頂點被標註為黑色。從現在開始，為了維護那些不變的頂點，需要把 v 的某個相鄰頂點 v' 加入佇列。對於 $l=dist[v]+w[v][v']$，如果 v' 已

經是黑色或者$dist[v']\leq l$，不必把v'加入佇列；否則v'被標註為灰色，$dist[v']$減小l，且在$w[v][v']=0$的情況下，v'被加入到佇列頭部，或在$w[v][v']=1$的情況下，被加入佇列尾部。

```python
def dist01(graph, weight, source=0, target=None):
    n = len(graph)
    dist = [float('inf')] * n
    prec = [None] * n
    black = [False] * n
    dist[source] = 0
    gray = deque([source])
    while gray:
        node = gray.pop()
        black[node] = True
        if node == target:
            break
        for neighbor in graph[node]:
            ell = dist[node] + weight[node][neighbor]
            if black[neighbor] or dist[neighbor] <= ell:
                continue
            dist[neighbor] = ell
            prec[neighbor] = node
            if weight[node][neighbor] == 0:
                gray.append(neighbor)
            else:
                gray.appendleft(neighbor)
    return dist, prec
```

8-3 權重為正值或空值的圖：Dijkstra演算法

定義

給定一個有向圖，其所有弧的權重都是正值或空值，我們在一個源點和一個目標節點之間尋找最短路徑。

複雜度

一個暴力實作的複雜度是 $O(|V|^2)$，用一個優先順序佇列最佳化後，可以讓複雜度降低到 $O(|E|\log|V|)$。透過斐波那契優先順序佇列，我們能獲得更低的複雜度 $O(|E|+|V|\log|V|)$，但為了實作最佳化而付出的努力過大，有點得不償失。

演算法

我們仍採用本書8.1節的形式。Dijkstra演算法維護了一個頂點集合 S，我們已經計算好了從源點到這些頂點的最短路徑，所以 S 一定是黑色頂點的集合。剛開始，S 只包含源點本身。另外，演算法維護一個以源點為根的最短路徑樹來覆蓋 S。我們用 prec[v] 來記錄 v 的前驅頂點，用 dist[v] 來記錄計算所得的距離（圖8.3）。

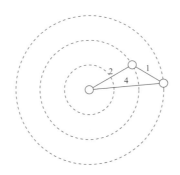

圖 8.3　Dijkstra演算法用一個以頂點為圓心逐漸擴大的同心圓來捕捉頂點。由於沒有距離為1的頂點，因而演算法透過優先順序佇列，直接跳到最近的距離為2的頂點

　　然後來看 S 邊緣的邊。更準確地說，我們考慮弧 (u, v)，其中 u 在 S 內而 v 不在 S 內。這些弧定義了一條從源點出發經過 u，並透過弧 (u, v) 而到達 v 的最短路徑。這條路徑的權重即弧 (u, v) 的優先順序。如8.1節的解釋，演算法從優先順序佇列中抽取一個優先順序最小的弧 (u, v) 來定義最短路徑 s-v，然後把弧 (u, v) 添加到最短路徑樹中，把 v 添加入 S 中，並繼續迭代。

優先順序佇列

　　演算法的核心內容是優先順序佇列。這是一個能添加元素並抽取最小元素的元素集合而成的資料結構。這種結構通常使用堆積來實作（即最小堆積，見 1.5.4 節），此處的運算成本是與集合大小相關的對數。

小幅最佳化

　　為了得到更高的效率，不要在優先順序佇列中保存那些不能引向最短路徑的弧。為此，我們在每次向佇列中添加通向 v 的弧時，應當更新 $dist[v]$。因此在檢查一條弧時，我們就能確定是否有一個弧優於現有通向 v 的最佳路徑。

實作細節

以下程式碼能計算出通向所有目標的最短路徑,而且省略了在呼叫函數時指定某一特定目標參數的步驟。

在佇列中,我們為每條離開弧 (u, v) 保存資料對 (d, v),其中 d 是與弧相關的路徑長度。一個頂點可能在佇列中以不同權重出現多次。但是,一旦該頂點第一次被抽取出來,就會被標註為黑色,而該頂點的其他相關記錄會在抽取時被忽略。

```python
from heapq import heappop, heappush

def dijkstra(graph, weight, source=0, target=None):
    n = len(graph)
    assert all(weight[u][v] >= 0 for u in range(n) for v in \
        graph[u])
    prec = [None] * n
    black = [False] * n
    dist = [float('inf')] * n
    dist[source] = 0
    heap = [(0, source)]
    while heap:
        dist_node, node = heappop(heap)      # 最近的頂點
        if not black[node]:
            black[node] = True
            if node == target:
                break
            for neighbor in graph[node]:
                dist_neighbor = dist_node +  \
                    weight[node][neighbor]
                if dist_neighbor < dist[neighbor]:
                    dist[neighbor] = dist_neighbor
                    prec[neighbor] = node
                    heappush(heap, (dist_neighbor, neighbor))
    return dist, prec
```

變形

　　如果我們有一個能改變元素優先順序的優先順序佇列，正如 1.5.4 節中介紹的那樣，那麼 Dijkstra 演算法的實作就可以略微簡化。我們不再把弧存入佇列，而只保存頂點——實際上是圖中所有頂點，並且一個頂點 v 的優先順序就是 $dist[v]$。其實，佇列保存了格式為 $(dist[v], v)$ 的資料對，並用字典序比較它們。當發現一條通向 v 的更好路徑時，我們把與 v 相關的資料對替換為一個更短的路徑長度。變形的好處在於，我們不必再將頂點標註為黑色。對於每個頂點 v，佇列僅包含一個與 v 相關的資料對。當 $(dist[v], v)$ 從佇列中被抽取時，我們就知道找到了通向 v 的最短路徑。

```python
from tryalgo.our_heap import OurHeap

def dijkstra_update_heap(graph, weight, source=0, target=None):
    n = len(graph)
    assert all(weight[u][v] >= 0 for u in range(n) for v in \
        graph[u])
    prec = [None] * n
    dist = [float('inf')] * n
    dist[source] = 0
    heap = OurHeap([(dist[node], node) for node in range(n)])
    while heap:
        dist_node, node - heap.pop()      # 最近的頂點
        if node == target:
            break
        for neighbor in graph[node]:
            old = dist[neighbor]
            new = dist_node + weight[node][neighbor]
            if new < old:
                dist[neighbor] = new
                prec[neighbor] = node
                heap.update((old, neighbor), (new, neighbor))
    return dist, prec
```

8-4 隨機權重的圖：Bellman-Ford演算法

定義

這個問題允許圖中弧上的權重為負值。假如存在一個從源點出發並能透過目標頂點的負權重環，那麼源點到目標頂點的距離為 $-\infty$。當任意多次通過這個環時，我們反而會得到一條從源點出發的距離極小的路徑[註1]。下面介紹的演算法能發現這異常狀況。

複雜度：使用動態規劃情況下是 $O(|V| \cdot |E|)$。

演算法

核心操作是釋放距離（圖8.4），即對於每條弧 (u, v)，測試用該弧能否減少從源點到頂點 v 的距離。$d_u + w_{uv}$ 是距離 d_v 的一個候選值。這項操作透過兩個巢狀迴圈來完成，內層迴圈釋放了透過每條弧到達頂點的距離；外層循環該操作，並執行一定次數。我們可以證明，在 k 次外層迭代後，能為每個頂點 v 計算出從源點到 v 且最多經過 k 條弧的最短路徑。這個結論在 $k = 0$ 時是正確的。對 $k = 1, \cdots, |V|\text{-}1$ 的情況，用 $d_k[v]$ 來記錄該距離時，我們有：

$$d_{k+1}[v] = \min_{u:(u,v)\in E} d_k[u] + w_{uv.}$$

---

[1] [譯者註] 因為環的權重是負值，所以多繞幾圈反而讓路徑變短。

圖 8.4 一個使用灰色邊釋放距離的例子。用這條邊讓源點到目標頂點的路徑更短[註1]

負環檢測

　　首先考慮圖不包含負環的情況。在此情況下，所有最短路徑都很簡單，只需 $|V|-1$ 次迴圈迭代，就能確定所有通向目標的路徑距離。因此，如果在 $|V|$ 次迭代中發現了一個變化，這表明存在著一個負環，並且是能從源點到達目標的負環。實作會返回一個布林值來指出是否存在這樣一個環。

```python
def bellman_ford(graph, weight, source=0):
    n = len(graph)
    dist = [float('inf')] * n
    prec = [None] * n
    dist[source] = 0
    for nb_iterations in range(n+2):
        changed = False
        for node in range(n):
            for neighbor in graph[node]:
                alt = dist[node] + weight[node][neighbor]
                if alt < dist[neighbor]:
                    dist[neighbor] = alt
                    prec[neighbor] = node
                    changed = True
        if not changed:                            # 固定點
            return dist, prec, False
    return dist, prec, True
```

---

[1] [譯者註] 從源點0開始，經過一條權重為9的弧，到達右上角目標頂點；後變成通過右下角灰色頂點，總距離變成了6。每個頂點上標註的數字是它到源點的距離。

8-5 所有源點-目標頂點對：Floyd-Warshall演算法

定義

給定一個在弧上有權重的圖，我們希望計算每個頂點對之間的最短路徑（圖8.5）。同樣，問題只在圖中不存在負權重環的情況下成立，而演算法可以檢測到這個異常情況。

$$a_{uv} = \sum_{k=0}^{n-1} b_{uk} \times c_{kv}$$

$$A = BC$$

$$W_{uv}^{(\ell+1)} = \min_{k=0}^{n-1} W_{uk}^{(\ell)} + W_{kv}^{(\ell)}$$

$$W^{(\ell+1)} = W^{\ell} W^{\ell}$$

圖 8.5 Floyd-Warshall演算法可被視為熱帶代數[註1]下的矩陣乘法$(\mathbb{R},\min,+)$。但我們不能使用它的快速乘積演算法，因為這裡只有一個半環

複雜度：使用Floyd-Warshall演算法，複雜度為$O(n^3)$

演算法

頂點間的距離是以動態規劃來計算的（圖8.6）。對於每個$k=0,1,\cdots,n$，我們計算一個矩形矩陣W_k，並用$W_k[u][v]$保存從u到v且僅經過索引嚴格小於k的中間頂點之最短路徑長度，這些中間頂點編號為0到n-1。因此，對於$k=0$，矩陣W_0僅包含弧的權重；對於不存在進入弧(u,v)的情況，保存$+\infty$。矩陣的更新基於一個簡單原則：一條從

---

[1] [譯者註] 熱帶數學（tropical mathematics）由巴西數學家、計算機科學家Imre Simon於1980年代提出並發展，是一種分片線性化的代數幾何。

u 到 v 並經過頂點 k 的最短路徑由一條從 u 到 k 的最短路徑和一條從 k 到 v 的最短路徑組成。因此對於 $k,u,v\in\{0,\cdots,n\text{-}1\}$，我們計算：

$$W_{k+1}[u][v]=\min\{W_k[u][v],W_k[u][k]+W_k[k][v]\}$$

對於相同的 k，它作為索引和在矩陣中代表的含義是一致的：為了計算 $W_{k+1}[u][v]$，可以考慮通過 k 的路徑。

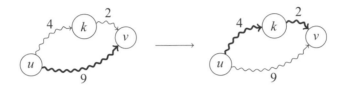

圖 8.6 通過頂點 k 釋放距離，能縮短從 u 到 v 的路徑長度

實作細節

以下演算法維護了一個唯一陣列 W 作為連續的 W_k，並使用參數來修改這個權重矩陣。演算法實作能檢測出是否存在負環，並在出現負環的情況下返回 False。

```
def floyd_warshall(weight):
    V = range(len(weight))
    for k in V:
        for u in V:
            for v in V:
                weight[u][v] = min(weight[u][v],
                                   weight[u][k] + weight[k][v])
    for v in V:
        if weight[v][v] < 0:      # 檢測到了負環
            return True
    return False
```

檢測負環

若且唯若 $W_n[v][v] < 0$ 時，存在一個通過頂點 v 的負環。然而，正如 Hougardy 在參考文獻 [7] 中介紹的，我們更推薦 Bellman-Ford 演算法來檢測負環。因為如果存在負環，當頂點數量較大時，用 Floyd-Warshall 演算法計算出來的絕對值可能會呈指數增長，直到造成變數的儲存空間溢出。

網格

問題

給定一個矩形網格，其中有些格子是可以通過的，我們希望找到從入口到出口的最短路徑。

演算法

這個問題可以採用一個簡單方法——在網格圖上的廣度優先巡訪演算法。但是，相對於顯式地建立一個圖，在網格上直接做巡訪反而更加容易。給定網格的描述方式是一個二維陣列，其中#字元用來表示不可通過的格子，空字元表示可通過的格子。演算法的實作用二維陣列來標註已存取過的頂點，避免新造一個額外的資料結構。那麼，被存取過的格子將包含字元→、←、↓、↑，註明了從源點出發需要通過路徑的前驅頂點。

```python
def dist_grid(grid, source, target=None):
    rows = len(grid)
    cols = len(grid[0])
    dir = [(0, +1, '>'), (0, -1, '<'), (+1, 0, 'v'), \
        (-1, 0, '^')]
    i, j = source
    grid[i][j] = 's'
    Q = deque()
    Q.append(source)
    while Q:
        i1, j1 = Q.popleft()
        for di, dj, symbol in dir:        # 探索所有方向
            i2 = i1 + di
            j2 = j1 + dj
            if not(0 <= i2 and i2 < rows and 0 <= j2 and \
                j2 < cols):
```

```
        break                   # 越過了格線的邊界
    if grid[i2][j2] != ' ':     # 不可超過或已存取的邊界
        continue
    grid[i2][j2] = symbol       # 標註已經存取
    if(i2, j2) == target:
        grid[i2][j2] = 't'      # 到達目標
        return
    Q.append((i2, j2))
```

🦠 變形

　　對於共用一個角落的格子來說，上述實作能很容易被修改，進而實作斜線移動。把一個六邊形網格變為一個有特殊相鄰關係的正方形網格，也能用相同方法來處理。圖8.7展示了上述變換。

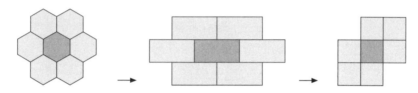

圖 8.7　使用正方形網格來表示六邊形網格

8-7 變形問題

最短路徑是一個重要問題，以下將介紹幾種經典變形。

8.7.1 無權重圖

在一個無權重圖中，只需要執行一次廣度優先巡訪就可以確定最短路徑。

8.7.2 有向無環圖

一次拓撲排序就能以可接受連續處理所有頂點（見6.8節）：為了計算從源點到頂點 v 的距離，可以首先計算到所有 v 的前驅頂點的距離，然後再使用一個簡單的動態規劃演算法來得到答案。

應用

從住家走到辦公室的路上，我想先走上坡路再走下坡路，以便先運動、後休息。為此，我找到一張城市的建設藍圖，其中的頂點是有高度值的區域交叉點，而邊是有長度值的道路。

8.7.3 最長路徑

上述動態規劃演算法可以應用在有向無環圖上。對於一個通用圖，最長路徑問題旨在找到一條從源點到目標頂點，而且只通過每個頂點一次的最長路徑。這是個NP複雜問題，已知任何演算法都不能在多項式時間內解決該問題。如果頂點數量很少，例如在20個左右，那我們

可以在頂點集合 S 的子集中使用動態規劃演算法，並計算 $D[S][v]$，從源點到 v 的最長路徑一定只使用集合 S 中的頂點作為中間節點。如此一來，對於所有非空集合 S，有以下關係：

$$D[S][v] = \max_{u \in S} D[S \setminus u][u] + w[u][v]$$

其中 $S \setminus u$ 是集合 S 去掉頂點 u 後的集合，$w[u][v]$ 是弧 (u,v) 的權重。因此，基本情況如下：

$$D[\varnothing][v] = \begin{cases} w[u][v], & \text{如果存在弧} (u,v) \\ -\infty, & \text{否則} \end{cases}$$

8.7.4 樹中的最長路徑

通常，看似複雜的問題在樹中會變得簡單，因為子樹可以利用動態規劃演算法找到解決方案。這也是樹中最長路徑問題的情況，10.3 節介紹了一個線性複雜度演算法。

8.7.5 最小化弧上權重的路徑

當我們不希望路徑上的邊其總權重**最小**，而希望它**最大**時，使用聯合尋找集合的資料結構會更簡單。從一個空的圖開始，按權重升序向圖中添加邊，直到源點和目標頂點位於同一個連通分量中。有向圖也存在一個類似解決方案，但實作過程相當複雜。

8.7.6 頂點有權重的圖

考慮一個弧上沒有權重而頂點有權重的圖，目的是找到一條從源點到目標頂點的路徑，讓該路徑通過的所有頂點的權重總和最小。我們把

每個頂點 v 替換為兩個頂點 v^- 和 v^+，這兩個頂點被權重為 v 的弧連接，同時把每個弧 (u,v) 替換為弧 (u^+,u^-)，則本問題就等價於上一個問題。

8.7.7　令頂點上最大權重最小的路徑

當一條路徑的權重被定義為「路徑上中間節點的權重最大值」時，可以使用 Floyd-Warshall 演算法。只需把所有頂點按照權重升序排列，並在找到從源點到目標頂點的路徑時，立即結束迭代。

維護一個保存著連通性的布林型陣列 $C_k[u][v]$，陣列表示僅使用索引小於 k 的中間節點時，是否存在一條從 u 到 v 的路徑。更新方法如下：

$$C_k[u][v] = C_{k-1}[u][v] \vee \left(C_{k-1}[u][k] \wedge C_{k-1}[k][v]\right)$$

8.7.8　所有邊都屬於一條最短路徑

給定一個有權重的圖、一個源點 s 和一個目標頂點 t，s 和 t 之間可能存在多條最短路徑。目標是確定所有邊是否屬於一條最短路徑。為此，我們使用兩次 Dijkstra 演算法來處理 s 和 t，計算從源點 s 出發到頂點 v 的距離 $d[s,v]$，以及從頂點 v 到目標頂點 t 的距離 $d[v,t]$。然後，若且唯若

$$d[s,u] + w[u,v] + d[v,t] = d[s,t]$$

存在一條邊 (u,v) 屬於一條最短路徑，其中 $w[u,v]$ 是邊的權重。

無向圖的變形問題

Dijkstra 演算法只能處理一個給定源點，而不是一個給定的目標頂點。因此，在計算所有 v 到 t 的距離 $d[v,t]$ 時，需要暫時把弧反轉。

Memo

Chapter 9

耦合性與流

　　一般情況下，組合最佳化的核心部分由耦合性和流問題組成。這兩個問題彼此相連，存在多個變形問題。演算法的原理是對一個解反覆最佳化：從起初的空解，最終得到一個最佳解。

　　假設在圖9.1的二分圖[註1]中，我們希望確定一個**完美匹配**，也就是說，把圖中左側所有頂點與唯一一個右側頂點相關聯。圖中的邊表示哪種關聯是可以實作的。如果我們從關聯u_0和v_0開始，就會被阻擋。為實作一個完美匹配，必須解開這個關聯。這部分的原理將在後面章節中解釋。

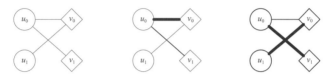

圖 9.1 逐漸建立起一個完美匹配

　　這裡介紹的流演算法需要滿足以下條件：對於每一條弧(u, v)，存在其逆向弧(v, u)。演算法會首先呼叫一個方法，以便在必要時用權重為0的逆向弧把圖補齊，藉此測試對於每條弧(u, v)是否有u存在於v的相鄰節點串列。其時間複雜度為$O(|E| \cdot |V|)$，在當前情況下不可忽略。

```
def add_reverse_arcs(graph, capac):
    for u in range(len(graph)):
        for v in graph[u]:
            if u not in graph[v]:
                graph[v].append(u)
                capac[v][u] = 0
```

1　[譯者註] 二分圖又稱雙分圖、二部圖、偶圖，指頂點可以分成兩個不相交的集合U和V（U和V皆為獨立集合），使得在同一個集合內的頂點不相鄰（沒有共同邊）的圖。

複雜度

在下表中，我們假設對二分圖 $G(U,V,E)$ 有 $|U| \leq |V|$，用 C 來記錄最大容量。

耦合性		
無權重二分圖	$O(|V| \cdot |E|)$	增量路徑演算法
有權重二分圖	$O(|V|^3)$	Kuhn-Munkres 演算法
有偏好的二分圖	$O(|V|^2)$	Gale-Shapley 演算法
流		
有界容量	$O(|V| \cdot |E| \cdot |C|)$	Ford-Fulkerson 演算法
有界容量	$O(|V| \cdot |E| \cdot \log C)$	二進制阻塞流演算法
隨機容量	$O(|V| \cdot |E|^2)$	Edmonds-Karp 演算法
隨機容量	$O(|V|^2 \cdot |E|)$	Dinic 演算法
割		
隨機圖	$O(|V|^2 \cdot |E|)$	Dinic 演算法
隨機圖	$O(|E|\log|V|)$	Dijkstra 演算法

9-1 二分圖最大匹配

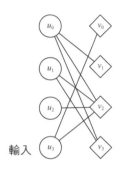
輸入

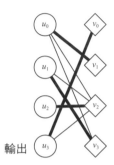
輸出

應用

在 n 個房間之間修建 n 條走廊，給 n 個工人分配 n 項任務……二分圖最大匹配問題的應用範圍非常廣。9.2節還將介紹一個有權重的問題。由於這些問題通常使用二分圖來建模，因而我們僅介紹此類情況——當然，這些問題也可以用其他圖類資料結構來解決。

定義

設二分圖 $G(U,V,E)$，且 $E \subseteq U \times V$。匹配是集合 $M \subseteq E$，且在 M 中不存在擁有公共頂點的兩條邊。目的是找到一個最大基數的匹配。對於給定集合 M，當一個頂點位於 M 中的一條邊上時，我們稱該頂點**被匹配**，否則稱之為**自由頂點**[1]。

1　此處設定的二分圖 $G(U,V,E)$ 中，U 和 V 分別是二分圖兩個不相交的獨立集合，而 E 是連接這兩個獨立集合的邊的集合；$U \times V$ 是把所有 U 中的頂點和所有 V 中的頂點一一相連的邊的集合，因此 E 一定是 $U \times V$ 的子集，或者二者相等。

關鍵測試

一個最容易想到的最佳化解答的方法就是從窮舉法開始，直到找到最佳解。為了最佳化一個匹配，需要觀察兩個匹配間的**對稱差**[註1]。對於一個實線的匹配 M 和一個虛線的匹配 M'，二者的對稱差 M⊕M' 由 M\M'∪M'\M 來定義，後者由實、虛交替的邊構成的路徑和環組成。透過參數計數可以發現，當 $|M'| > |M|$ 時，總存在一條虛線開頭和虛線結尾的實虛交替路徑 P（圖 9.2）。

路徑 P 在一個自由頂點開始和結束，並在屬於 M 和不屬於 M 的邊之間交替。我們把這種路徑稱作增廣路徑，因為 M⊕P 的差異是 M 增加一條邊後的一個匹配。

因此，如果 M 還不是最大基數匹配，那麼對於 M 存在一條增廣路徑。更準確地說，如果存在一個匹配 M' 使得 $|M'| > |M|$，而且　個頂點 $u \in U$ 在 M' 中是配對頂點，但在 M 中是自由頂點，那麼對於 M 一定存在一條從 u 出發的增廣路徑 P。

複雜度為 $O(|U| \cdot |E|)$ 的演算法

上述結果引出了第一個演算法。從一個空匹配 M 開始，尋找 M 的一條增廣路徑 P，並用 M⊕P 來替換 M，直到找不到 P 為止。透過深度優先巡訪很容易就能找到這樣一條增廣路徑。只需從 U 的一個自由頂點開始，考慮它還沒有被存取過的所有相鄰節點。如果 v 尚未被匹配，那麼從根節點到 v 的路徑是一條增廣路徑；如果 v 已經與一個頂點 u' 匹配，那麼從 u' 繼續巡訪。找到並應用一條增廣路徑的演算法複雜度是 $O(|E|)$，現在必須在最多 $|U|$ 個頂點上重覆這項操作，於是本演算法的時間複雜度應當是 $O(|U| \cdot |E|)$。

---

[1] [譯者註] 對稱差為兩個集合的聯集減去交集。

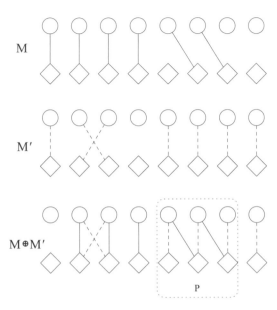

圖 9.2 對稱差M⊠M'由一個顏色交替環、一條M'的增廣路徑P和兩條M的增廣路徑組成

實作細節

在下面介紹的實作[註1]中，我們用一個陣列 m 來編碼一個匹配，它為每個 $v \in V$ 頂點關聯了一個 U 中與之匹配的頂點；否則，假如 v 是自由頂點，$m[v]$=None。

圖由陣列 E 給出，其中 $E[u]$ 是 u 相鄰頂點的串列。給定頂點集合 U 和 V 的格式應該是 $[0, 1, \cdots, |U|-1]$ 和 $[0, 1, \cdots, |V|-1]$。

```
def augment(u, bigraph, visit, match):
    for v in bigraph[u]:
        if not visit[v]:
        visit[v] = True
        if match[v] is None or augment(match[v], bigraph, \
            visit, match):
            match[v] = u      # 找到了增廣路徑
```

---

1 為什麼只有V中的頂點在被存取時被標記？大家可以想一想。

```
        return True
    return False

def max_bipartite_matching(bigraph):
    n = len(bigraph)      # U 和 V 的範圍相同
    match = [None] * n
    for u in range(n):
        augment(u, bigraph, [False] * n, match)
    return match
```

其他演算法

此外，Hopcroft Karp演算法可用來在時間（$O\sqrt{|V|}\cdot E$）內解決二分圖的最大匹配問題。其原理是在同一次巡訪中找到多條增廣路徑，並從中選擇最短的。Alt、Blum、Mehlhorn和Paul（見參考文獻[2]）也找到了一個有趣的演算法處理稠密圖（有很多邊），其時間複雜度為 $O\left(|V|^{1.5}\sqrt{|E|/\log|V|}\right)$。但是，所有這些演算法實作起來都相當複雜，沒有本節中介紹的演算法如此快速、實用。

二分圖中的最小覆蓋問題

給定一個二分圖G(U,V,E)，我們尋找一個最小的基數集合 S⊆U∪V，使得每條邊(u,v)∈E至少擁有一個S中的末端頂點，因此 u∈S或v∈S。由於一個匹配的每條邊必須至少擁有一個S中的末端頂點，匹配的最大值就應該是最小覆蓋的下限值。Konig定理證明了，實際上二者最佳值相等。

定理的證明極具建設性，給出了一個演算法，基於圖G(U,V,E)的一個最大匹配來找到一個最小覆蓋。設沒有被M匹配的U中頂點集合Z，在Z中添加透過交替路徑能到達的所有頂點，我們定義以下集合：

$$S=(U\backslash Z)\cup(V\cap Z)$$

集合 Z 的結構說明，對於所有邊 $(u, v) \in M$，如果 $v \in Z$，那麼有 $u \in Z$。同樣對於 $u \in Z$，由於 u 起初不與自由頂點 U 同在 Z 中，u 隨著匹配邊才被添加入 Z 中，因此 $v \in Z$。

這證明了對於每條屬於匹配 M 的邊 (u, v)，其末端頂點不是全都在 Z 中，就是都不在 Z 中。所以，所有匹配的邊都有且僅有一個末端頂點在 S 中，且 $|S| \geq |M|$。

我們可以證明 S 覆蓋了圖的所有邊。設 (u, v) 是圖的一條邊。如果 $u \notin Z$，邊被覆蓋，那麼設 $u \in Z$。如果 (u, v) 不是匹配的一條邊，那麼 Z 的最大字元數量使得 v 必須在 Z 中，因此 v 也就在 S 中。如果 (u, v) 在 M 中，那麼透過前面的論證有 $v \in Z$，因此 $v \in S$。這就證明了 S 是一個頂點的覆蓋，這意味著 $|S| \leq |M|$，故而證明了結論 $|S| = |M|$。

9-2 最大權重的完美匹配：Kuhn-Munkres演算法

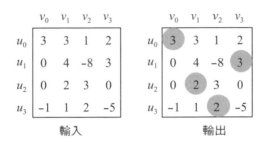

輸入　　　　　　　　　　　輸出

應用

在一幢教學樓裡，有 n 節課程要分配給 n 位教師。每位教師用一個權重表顯示自己對課程安排的偏好。這個權重被標準化成總和為 1 的一系列數字，好讓每位教師的偏好值一致。目的是找到課程和教師之間的二分圖，使得所有課程分配的權重和最大。這就是在一個最大收益二分圖中找完美匹配的問題。

定義

對於一個二分圖 $G(U, V, E)$，在每條邊上有權重 $w: E \to \mathbb{R}$。在不喪失普適性的情況下，假設 $|U| = |V|$，而且圖是個完全圖，即 $E = U \lozenge V$。目的是找到一個完美匹配 $M \subseteq E$，使得權重總和（又稱收益）$\sum_{e \in M} w(e)$ 最大化[註1]。

1　[譯者註] 在完全圖中，所有頂點都有且僅有一條邊互相連接。在判斷收益或成本的時候，可以把原本不相連的邊標註為連接，但權重為無窮小或無窮大，因此，把一個普通二分圖拓展成為完全圖並不會丟失普適性。

變形

這個問題的一個變形是計算最小成本的完美匹配。在這種情況下，只需改變權重的正負號，並採用最大化收益的構思即可。如果 $|U| >$ $|V|$，只需在 V 中加入新的頂點，並使用權重為 0 的邊連接 U 中所有頂點。所以，新圖的完美匹配和原圖的最大匹配就有了相關性。如果新圖不是完全圖，只需使用權重為 $-\infty$ 的邊來補全即可，這些邊在尋找最佳解的過程中一定不會被選中。

複雜度：Kuhn-Munkres演算法（又稱匈牙利演算法）的時間複雜度為 $O(|V|^3)$。

演算法

Kuhn-Munkres演算法屬於原始－對偶類演算法，使用了線性規劃的建模方法。為方便理解，以下介紹不會使用線性規劃的術語。

主要構思是考慮一個關聯問題，即**最小有效頂標**問題。頂標是頂點上的權重 l，當所有邊 (u,v) 都滿足

$$l(u)+l(v) \geq w(u,v) \tag{9.1}$$

它們是有效的頂標。關聯問題旨在找到總權重最小的有效頂標。對一個匹配所有邊 (u,v) 上的不等式求和，很容易看到，有效頂標的權重之和大於完美匹配的權重。

頂標 l 定義的集合 E_l 由滿足以下算式的所有邊 (u,v) 組成

$$l(u)+l(v)=w(u,v)$$

僅包含這些邊的圖被稱作等價圖。如果我們考慮有效頂標 l 和有效頂標集合上的一個完美匹配 $M \subseteq E_l$，那麼 $\sum_{E_l} l$ 的值等於 $|M|$。由於 $\sum_{E_l} l$ 的值是所有完美匹配的最大值，這證明了 M 的權重最大。

　　現在要建立一個數值對$(1, M)$。在所有情況下，演算法都有有效頂標集合l和一個匹配$M \subseteq E_l$。演算法用迴圈的方式擴展匹配M；如果不能擴展了，演算法會最佳化頂標，即減小頂標值的和[註1]。

擴展匹配

　　為了擴展匹配，必須在等價圖中找到一條增廣路徑，所以需要建立一棵交替樹。我們從選擇一個自由頂點u_i開始，$u_i \in U$且沒有匹配。頂點u_i作為樹的根節點。樹在 U 和 V 的頂點之間交替，也在$E_l \setminus M$和 M 的邊的不同層級之間交替。透過深度巡訪演算法就能建立這樣一棵交替樹。一旦v的一個葉子節點成為自由頂點，那麼從u_i到v的路徑就是一條增廣路徑，而且透過這條路徑有可能實作對M的擴展匹配，並把$|M|$增加 1。在這種情況下，建立交替樹的過程就終止了。

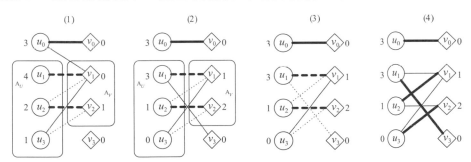

圖 9.3　Kuhn-Munkres演算法的過程。(1)本章一開始給出了用權重矩陣描述的二分圖，圖(1)中標註了每個頂點的權重，記錄了等價圖的每條邊，並用粗線表示了一個匹配的所有邊，用虛線表示了根節點為u_3的最大交替樹的邊。這棵樹覆蓋了頂點集合A_U和A_V，且無法被擴展。(2)最佳化頂標，添加了一條新的邊(u_1, v_3)。(3)交替樹包含了的自由頂點v_3。(4)匹配沿著從u_3到v_3的路徑擴展

---

[1]　[譯者註] 最佳化頂標同樣也是降低總成本，這就是本演算法的最終目的。

交替樹的性質

現在考慮匹配沒能被擴展的情況。我們已經建立了一個交替樹 A，其根節點是自由頂點 u_i；同時，集合 V∩A 中任意一個頂點都不是自由的。我們把 U 中被交替樹覆蓋的頂點集合稱作 A_U，V 中被 A 覆蓋的頂點集合稱作 A_V。於是有 $|A_U|=1+|A_V|$。換一種形式來說，A_U 由樹的根節點以及與 A_V 每個頂點的匹配頂點組成。

最佳化頂標

最佳化頂標時必須要謹慎：首先頂標必須是有效的；其次樹 A 必須留在等價圖中。因此，一旦我們把根節點為 u_i 的頂標減少一個值 $\Delta > 0$，就必須要把樹中的後代節點增加一個相同的值，這樣一來，我們就能在處理一個節點時把其後代節點減少 Δ。最終，最佳化就是把 A_U 中所有頂點的頂標值減少 Δ，並把 A_V 中所有頂點的頂標值增加 Δ。標註的總值一定是嚴格減少的，因為 $|A_U| > |A_V|$。我們發現不等式(9.1)左右兩邊的差——稱作**裕度**——在 $(u,v) \in A$ 或 $uv \notin A$ 的時候被保留，所以樹 A 能夠留在等價樹中。為了確保標籤有效，只需關注邊 (u,v)，其中 $u \in A_U$ 和 $v \notin A_V$。因此，我們可以確定 Δ 是這些邊上的最小裕度（圖9.3）。

進步

當在一條從 A_U 到 $V \backslash A_V$ 的額外邊進入等價圖時，以下方法會生效，尤其在這條邊確定了最小裕度 Δ 時，因為其裕度變成了0。注意，圖中其他邊可能會消失，但這對本演算法來說不重要。

初始化

為了讓演算法運行，我們從有效頂標 l 和空匹配 M 開始。為了簡化闡述，對於所有 $v \in V$，我們選擇 $l(v)=0$，而對於所有 $u \in U$，選擇 $l(u)=\max_{v \in V}w(u,v)$。

演算法實作時間複雜度為 $O(|V|^4)$

演算法的實作是一個對 $u_i \in U$ 頂點的外部迴圈，其中的常數表示所有已遇到的頂點都被 M 匹配。這個迴圈的複雜度是 $O(|V|)$。接下來，對每個自由頂點 u_i 建立一棵交替樹，以此嘗試建立匹配，或在必要情況下最佳化頂標。建立交替樹的過程的複雜度是 $O(|V|^2)$。

每次最佳化頂標以後，交替樹會增長，特別是 $|A_V|$ 會嚴格增長，但 $|A_V|$ 的上限是 $|U|$，因此匹配的增長成本是 $O(|V|^2)$，而完整的時間複雜度是 $O(|V|^4)$。[1]

```python
def improve_matching(G, u, mu, mv, au, av, lu, lv):
    assert not au[u]
    au[u] = True
    for v in range(len(G)):
        if not av[v] and G[u][v] == lu[u] + lv[v]:
            av[v] = True
            if mv[v] is None or \
                improve_matching(G, mv[v], mu, mv, au, av, lu, \
                    lv):
                mv[v] = u
                mu[u] = v
                return True
    return False

def improve_labels(G, au, av, lu, lv):
    U = V = range(len(G))
    delta = min(min(lu[u] + lv[v] - G[u][v]
            for v in V if not av[v]) for u in U if au[u])
    for u in U:
        if(au[u]):
            lu[u] -= delta
    for v in V:
        if(av[v]):
            lv[v] += delta
```

---

1 [譯者註] Kuhn-Munkres演算法有一定難度，建議讀者嘗試結合程式碼來理解整個證明演算法時間複雜度的邏輯過程，以及實作演算法所使用的資料結構。

```
def kuhn_munkres(G):                    # 複雜度為 O(n^4) 的最大收益的完美匹配
    assert len(G) == len(G[0])
    n = len(G)
    mu = [None] * n                     # 空匹配
    mv = [None] * n
    lu = [max(row) for row in G]        # 平凡標籤
    lv = [0] * n
    for u0 in range(n):
        if mu[u0] is None:              # 自由頂點
            while True:
                au = [False] * n        # 空的交替樹
                av = [False] * n
                if improve_matching(G, u0, mu, mv, au, av, lu, lv):
                    break
                improve_labels(G, au, av, lu, lv)
    return(mu, sum(lu) + sum(lv))
```

實作細節

我們用從 0 到 $n-1$ 的整數為 U 和 V 中的頂點進行編碼。為此，必須把 l 編碼到陣列 lu 和 lv 中，來對應集合 U 和 V。同樣的，mu 和 mv 保存著匹配結果，並在當 $u \in$ U、$v \in$ V 且二者匹配的時候，有 $mu[u]=v$，$mv[u]=v$。

自由頂點以 $mu[u]=$None 或 $mv[v]=$None 來標記。最終，布林型陣列 au 和 av 確定了一個頂點是否被交替樹覆蓋。

演算法實作的時間複雜度為 $O(|V|^3)$

為了獲得立方級的時間複雜度，必須維護一個 margeVal 陣列來簡化頂標最佳化過程中對裕度 Δ 的計算。那麼，對於每個滿足 $v \in$ V $\setminus$ A$_v$ 的頂點有：

$$\text{margeVal}_v = \min_{u \in A_u} l(u) + l(v) - w(u,v)$$

讓以上算式最小化的頂點 u 儲存在另一個陣列 margeArg 中。

這些陣列讓樹的擴展過程更容易了，因為每次變動頂標後，不再需要從根節點開始建構整棵樹。樹的建構過程也不再採用深度優先巡訪演算法，而是以下述方式來選擇一個新的邊。

選擇滿足 $u \in A$、$v \notin A$ 且使裕度最小的邊 (u, v)。當裕度非 0 時，我們可以按照前面的演算法來更新頂標，結果是把 (u, v) 的裕度減小到 0。任何情況下，(u, v) 是一條可被添加到樹中的邊時，有兩種情況要分別處理。對於還沒有匹配的 v，我們已經找到了一條增廣路徑；對於已和某個頂點 u' 配對的 v，我們可以把 (u', v) 添加到樹 A 中，繼而把 u' 添加入 A_U 中，同時將裕度在線性時間內更新，並重新開始。因此，找到一條增廣路徑所需時間呈 4 次方。一旦 U 中的一個頂點被匹配，它會被保留在 U 中，所以要尋找的只剩下 $|V|$ 條增廣路徑。實作最終的複雜度是 $O(|V|^3)$。

實作細節

這次我們想知道 V 中的每個頂點，是否是樹的一部分？如果是，它們的前驅節點是誰？樹不是透過深度優先巡訪建立起來的，所以我們想知道的資訊必須被儲存在一個陣列中。當擴展一個匹配時，我們能藉此回溯到樹的根節點。把節點 $v \in A_V$ 的前驅節點記為 $A_V[v]$，把樹外節點 $v \in V \backslash A_V$ 記為 $A_V[v] = \text{None}$。陣列變數的首字母大寫，以便與儲存 A_U 的布林型陣列區分。

陣列 marge 統一表示了陣列 margeVal 和 margeArg，並保存資料對 (val, arg)。

```python
def kuhn_munkres(G):              # 最大收益完美匹配複雜度 O(n^3)
    assert len(G) == len(G[0])    # 正方形矩陣
    n = len(G)
    U = V = range(n)
```

```python
    mu = [None] * n                              # 空匹配
    mv = [None] * n
    lu = [max(row) for row in G]                 # 平凡標籤
    lv = [0] * n
    for root in U:                               # 建立一個交替樹
        n = len(G)
        au = [False] * n
        au[root] = True
        Av = [None] * n
        marge = [(lu[root] + lv[v] - G[root][v], root) for v in V]
        while True:
            ((delta, u), v) = min((marge[v], v) for v in V if \
                Av[v] == None)
            assert au[u]
            if delta > 0:                        # 樹已經完成
                for u0 in U:                     # 最佳化頂標
                    if au[u0]:
                        lu[u0] -= delta
                for v0 in V:
                    if Av[v0] is not None:
                        lv[v0] += delta
                    else:
                        (val, arg) = marge[v0]
                        marge[v0] = (val - delta, arg)
            assert lu[u] + lv[v] == G[u][v]
            Av[v] = u                            # 把 (u1, v) 添加到集合 A
            if mv[v] is None:
                break                            # 找到了交替路徑
            u1 = mv[v]
            assert not au[u1]
            au[u1] = True                        # 把 (u1, v) 添加到集合 A
            for v1 in V:
                if Av[v1] is None:               # 更新裕度
                    alt = (lu[u1] + lv[v1] - G[u1][v1], u1)
                    if marge[v1] > alt:
                        marge[v1] = alt
        while v is not None:                     # 找到了交替路徑
            u = Av[v]                            # 沿著路徑向根節點
            prec = mu[u]
            mv[v] = u                            # 擴展匹配
            mu[u] = v
            v = prec
    return(mu, sum(lu) + sum(lv))
```

最大權重邊的最小完美匹配

定義

設一個二分圖 (U, V, E)，邊都標註了權重 $w: E \to \mathbb{Z}$，目的是找到一個完美匹配 M。但我們不是要最小化 M 中所有邊的權重和，而是最小化 M 中一條邊的最大權重，並在所有完美匹配上計算 $\min_M \max_{e \in M} w(e)$。

把問題簡化為最大匹配問題

假設所有邊都按照權重升序排序，對於一個給定的臨界值 k，我們可以測試圖中最前 k 條邊中是否存在一個完美匹配。這個屬性在 k 上是單調的，使用二分搜尋法的方式可以在時間區間 $[|V|, |E|]$ 內解決問題。

利用尋找完美匹配演算法的特殊運行機制，我們還能把二分搜尋法的時間複雜度再次節省 $O(\log|E|)$。

演算法藉助一條增廣路徑來擴展當前匹配，以此建構一個完美匹配。這條增廣路徑來自交替樹森林[1]。我們把變數 k 初始化為 0，並維護一個匹配 M，以及一個由前 k 條邊組成的交替樹。當交替樹建構完成，卻仍沒有找到增廣路徑時，我們增大 k 值並把第 k 條邊添加到圖中，同時更新交替樹。根據當前邊的數量，每次擴展 M 都需要線性時間複雜度，於是，找到讓圖形成一個完美匹配的最小 k 值所需時間複雜度為 $O(|V| \cdot |E|)$。

---

[1] [譯者註] 整個圖裡面的所有交替樹。

9-3　無交叉平面匹配

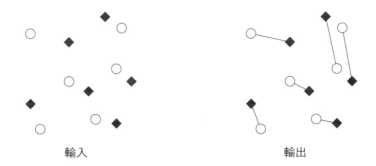

輸入　　　　　　　　　　　　輸出

定義

圖中給定 n 個白色點和 n 個黑色點。假設輸入不會退化，即不存在3個點共線。目的是在白色點和黑色點之間找到一個完美匹配，使得當把所有點與其右側點連接時，所有連接線不相交。

關鍵測試

假設在某個時刻，點都已形成了匹配，但仍存在連接線相交的情況。考慮連接線相交的兩對匹配 u-v 和 u'-v'（圖9.4），當把它們的關聯改成 u-v' 和 u'-v 時，連接線就不相交了。那麼，這項操作能不能最佳化其解答呢？

我們注意到，在執行上述解除交叉的方法後，交叉線的數量反而可能會增加，如圖9.4所示。因此，這不是最佳化的正確方法。相反的，所有連接線的總長度減少了。這個測試把我們帶回第一種演算法。

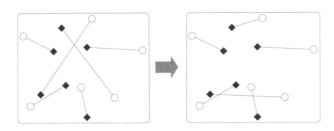

圖 9.4　解除匹配中存在的交叉

不保證性能的演算法

在兩部分中隨機地匹配點。由於存在兩條相交連線，因而需要用上述方法解除交叉。透過前面的論證，這個演算法保證能找到一個解。根據我們的經驗，在實踐中該演算法的性能很好。

減小完美匹配最小成本的演算法複雜度為 $O(n^3)$

定義一個完全二分圖 $G(U, V, E)$，滿足 U 中保存所有白色點，V 中保存所有黑色點，而且對於所有 $u \in A$ 和 $v \in V$，邊 (u, v) 的成本是兩點間的歐氏距離。前面的論述證明，最小成本的完美匹配一定沒有交叉。因此，只需在圖上應用 Kuhn-Munkres 演算法就能解決問題。但是，我們意識到工作量太大，因為　個沒有交叉的匹配不一定成本最小。

複雜度為 $O(n \log n)$ 的演算法

基於「火腿三明治」理論，有一個更好的演算法。Banach 在 1938 年提出，當圖中有 n 個黑點和 n 個白點，並且它們處於非退化位置（不存在 3 點共線）的時候，一定存在一條直線，使得直線兩邊有同樣多的白點和黑點，精確地講是直線每側各 $n/2$ 個。事實上，如果 n 是奇數，這條直線一定會通過一個白點和一個黑點；如果 n 是偶數，直線不會通過任何點。

1994年，Matousek、Lo和Steiger提出的演算法能在$O(n)$時間內找到這條直線（見參考文獻 [22]），但演算法的實作比較複雜。

這會有什麼幫助嗎？在確保不存在3點共線的前提下，我們可以得到以下屬性：n為偶數時，分割線不會通過任何點；n為奇數時，分割線一定會通過一個白點和一個黑點，此時就可以把二者匹配起來。無論如何，我們都可以在分割線切分的兩個獨立空間中，用迭代法進行匹配。這個遞迴拆分過程的深度是$O(\log_2 n)$，因此演算法的最終複雜度是$O(n\log n)$。

9-4 穩定的婚姻：Gale-Shapley 演算法

定義

假設有 n 位女性和 n 位男性，每位男性都對女性做了一個偏好排列，而女性也對男性做了同樣的偏好排列。一次婚姻就是在男性和女性的二分圖上形成一個完美匹配。假設不存在一個男性 i 和一個女性 j，令丈夫更偏好女性 j 而非自己的配偶，或者令妻子更偏好男性 i 而非自己的配偶，這次婚姻被稱作**穩定**。目標是透過 $2n$ 個偏好串列找到一個穩定婚姻關係。解決方案不是唯一的。

複雜度：使用 Gale-Shapley 演算法的複雜度為 $O(n^2)$。

演算法

演算法從沒有已婚夫婦的情況開始。然後，只要仍存在男性單身者，演算法就會選擇一個單身男性 i 和 i 最偏愛的女性 j。演算法嘗試讓 i 和 j 結婚。如果 j 仍然單身，這個操作會被執行；如果 j 已經和一個男人 k 結婚，但她更偏好 i 而非 k。在這種情況下，k 只能回到單身男性的行列中。

譯者提示

參照上述解除交叉法來解除一個匹配並連接另一個匹配。男性先與自己更偏好的女性匹配，但如果女性相對於這個匹配有更偏好的單身男性可選，那麼就會選擇自己更偏好的匹配；而失去匹配的男性就要重覆進行這項操作，選擇自己當下最偏好的女性繼續嘗試匹配。因此，女性每次都可以和自己更偏好的男性匹配，而男性每次重新確定的匹配都是比與原配更差的選擇。

分析

對於複雜度來說，所有配對 (i,j) 最多僅被演算法考慮一次，那麼確定每對夫妻的工作就是常數。為了確保有效，只需在演算法過程中測試：(1) 一個給定女性與她更偏好的男性結婚；(2) 男性與他更不偏好的女性結婚。我們透過反證法來證明演算法的有效性。假設最終存在一個男性 i 與一個女性 j' 結婚，而一個女性 j 與一個男性 i' 結婚，而且 i 相對於 j' 更偏好 j，j 相對於 i' 更偏好 i。透過測試 (2)，演算法在某個時刻已經考慮了配對 (i,j)，但根據測試 (1)，演算法應該沒有將 i 與 j 匹配，也就是說，當演算法考慮配對 (i,j) 時，j 本該已經與比起 i 更偏好的 k 結婚了。這和最終她 (j) 與自己相對於 i 更不喜歡的男人 (i') 結了婚的事實矛盾。

實作細節

在實作中，男性和女性都被從 0 到 $n-1$ 編號。輸入資料由兩個陣列組成。陣列 men 保存了每個男性對 n 個女性偏好順序 (rank)，按降序排列。陣列 women 保存了女性的偏好。首先，陣列 women 變換為陣列 rang，保存每個女性 j 對每個男性 i 的偏好次序。例如，假如 rank[j][i]=0，那麼男性 i 是女性 j 最喜愛的選擇，而 rank[j][i']=1 則意味著 i' 是 j 的第二選擇，以此類推。

最終，陣列 husband 保存了所有女性被匹配的男性。而 unmarried 保存了仍是單身狀態的男性串列。對於每個男性 i，next[i] 表示其偏好串列中下一個嘗試匹配的女性編號。

```python
def gale_shapley(men, women):
    n = len(men)
    assert n == len(women)
    next = [0] * n
    husband = [None] * n
    rank = [[0] * n for j in range(n)]  # 建立偏好排序 rank
    for j in range(n):
```

```
    for r in range(n):
        rank[j][women[j][r]] = r
unmarried = deque(range(n))          # 所有男性都是單身
while unmarried:                     # 當仍然存在未匹配男性的時候
    i = unmarried.popleft()
    j = men[i][next[i]]
    next[i] += 1
    if husband[j] is None:
        husband[j] = i
    elif rank[j][husband[j]] < rank[j][i]:
        unmarried.append(i)
    else:
        unmarried.put(husband[j]) # 抱歉，husband[j] 被解除匹配
        husband[j] = i
return husband
```

9-5 Ford-Fulkerson 最大流演算法

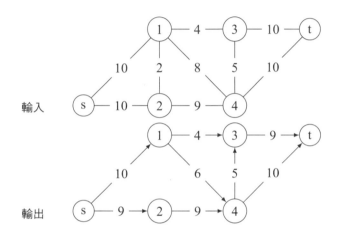

應用

尋找飛機乘客疏散路線中的瓶頸或者電路中的電阻，很多問題都可以用圖的最大流問題來建模。

定義

給定一個有向圖 $G(V, A)$，並在弧上標註容量 $c: A \to \mathbb{R}^+$，選擇兩個獨立頂點：一個源點 $s \in V$ 和一個匯點 $t \in V$。為了保持普適性，假設對於所有弧 (u, v)，弧 (v, u) 也在圖中，因為我們總能在圖中添加容量為 0 的弧，而不改變最佳解。一個流是一個函數 $f: A \to \mathbb{R}$，它滿足以下條件：

$$\forall (u, v) \in A : f(u, v) = -f(v, u) \tag{9.2}$$

對於所有容量值，它滿足：

$$\forall e \in A : f(e) \leqslant c(e) \tag{9.3}$$

同樣，把流轉換為頂點（除了源點和匯點），有：

$$\forall v \in V \setminus \{s,t\} : \sum_{u:(u,v)\in A} f(u,v) = 0 \tag{9.4}$$

流的值是離開源點的容量值，$\sum_u f(\mathrm{s},v)$。目的是找到一個值最大的流。

對於無向圖，我們把每條邊 (u,v) 替換成兩條容量一致的邊 (u,v) 和 (v,u)。

剩餘圖和增廣路徑

對於一個給定的 f，我們考慮一個由剩餘容量 $c(u,v)$-$f(u,v)$ 為正值的所有弧 (u,v) 組成的剩餘圖。在圖中，一條從 s 到 t 的路徑被稱作增廣路徑，因為我們可以沿著這條路徑來擴展流，擴展值 Δ 是路徑 P 的弧的剩餘容量最小值。為了在擴展 $f(u,v)$ 時確保 (9.2) 成立，必須把 $f(u,v)$ 減小同樣的值。

複雜度為 $O(|V| \cdot |A| \cdot |C|)$ 的 Ford-Fulkerson 演算法

其中 $C = \max_{a \in A} c(a)$。為了讓演算法能夠終止，所有容量必須是整數。使用迴圈方法，演算法會尋找一條增廣路徑 P 並沿著 P 擴展流。透過深度優先巡訪找到增廣路徑，我們僅能確保在每次巡訪過程中，流會嚴格增長。流的值會明顯增長 nC，最終得到所需複雜度。

實作細節

在我們介紹的實作中，圖以鄰接陣列的方式給出。但為了簡化對流的操作，我們用一個二維矩陣 F 來表示流。Augment 方法嘗試沿著通

向匯點的路徑，藉助一個最大值 val 來擴展流。如果成功，Augment 方法返回流增加的值；如果失敗，則返回 0。本方法透過深度優先巡訪找到這條路徑，並用 visit 標記。

```python
def _augment(graph, capacity, flow, val, u, target, visit):
    visit[u] = True
    if u == target:
        return val
    for v in graph[u]:
        cuv = capacity[u][v]
        if not visit[v] and cuv > flow[u][v]:      # 可通過的弧
            res = min(val, cuv - flow[u][v])
            delta = _augment(graph, capacity, flow, res, v, \
                target, visit)
            if delta > 0:
                flow[u][v] += delta                # 擴展流
                flow[v][u] -= delta
                return delta
    return 0

def ford_fulkerson(graph, capacity, s, t):
    add_reverse_arcs(graph, capacity)
    n = len(graph)
    flow = [[0] * n for _ in range(n)]
    INF = float('inf')
    while _augment(graph, capacity, flow, INF, s, t, [False] * \
        n) > 0:
            pass                                   # 空的迴圈體
    return(flow, sum(flow[s]))                     # 流和流的值
```

以二進制阻塞流演算法進行最佳化的複雜度為 $O(|V| \cdot |A| \cdot \log C)$（見參考文獻 [12]）

一個可能的最佳化演算法是，不再簡單地擴展第一條已找到的路徑，而是每次擴展一個較大的值。具體來講，設圖中邊上的最大容量為 C；$\triangle$ 是 2 的次方，最大不超過 C（如果 C 是 9，那麼 $\triangle$ 是 8；C 是 21，$\triangle$ 是 16；C 是 32，$\triangle$ 也是 32）。我們嘗試迴圈使用容量至少是 $\triangle$ 的增

廣路徑來擴展流。當這個操作無法實作時，我們可以嘗試使用相當於二分之一 Δ 值的剩餘容量值來擴展路徑。當剩餘圖中的 s 和 t 都斷開連接時，Δ＝1 的最終狀態結束，這時演算法一定能計算出一個最大流。

在最初狀態中，根據 C 的定義，我們知道最大流的上限值是 $|V| \cdot C$。因此，最初狀態最多只能找到 n 條增廣路徑。找到一條增廣路徑的複雜度為 $O(|V|+|A|)$。由於只存在 $\log_2 C$ 個狀態[註1]，演算法的總複雜度就成了 $O(|V| \cdot |A| \cdot \log C)$。

---

[1]　[譯者註] 由於Δ值是2的次方，最大不超過C，且每次都會減半，因而狀態數量一定是$\log_2 C$。

9-6 Edmonds-Karp演算法的最大流

分析結論

Ford-Fulkerson演算法不是多項式時間內解決問題的演算法,它與輸入資料量大小呈指數關係。幸好有一個轉換方法,能讓其複雜度成為多項式時間複雜度,並獨立於 C。

令人吃驚的是,當我們應用最短增廣路徑時,同樣演算法的複雜度與最大容量無關。想法是最短增廣路徑的長度,隨著每次對 $|E|$ 的迭代嚴格遞增。我們由此得到以下結論:

—設分層圖 L_f,其中 s 在第0層,所有從 s 出發且經過一條**不飽和弧**[1] 到達的頂點為第一層的頂點,依此類推。因此,這是一個剩餘圖的無環子圖。

—在剩餘圖中,一條從 s 到 t 的最短路徑一定是分層圖中的一條路徑。當我們沿著這條路徑擴展流時,其中一條弧會變成飽和弧。

—沿著一條路徑的一次擴展會讓某些弧變得不飽和,但僅是那些通向更低層的弧。因此,那些變成可通過狀態的弧不能減少從 s 到 v 的路徑長度(這條長度用弧的數量計算)。相對地,從 v 到 t 的路徑長度也無法減少。

—當執行 $|E|+1$ 次迭代後,一條弧 (u,v) 及其逆向弧 (v,u) 變得飽和。這證明了頂點 u 隨時間會改變所在層次。透過前面的結論可以發現,從 s 到 t 的距離是嚴格增長的。

---

[1] 當流到達弧的容量的時候,弧是飽和弧。

—由於只存在 n 層，因而總共只會有 $|V| \cdot |E|$ 次迭代。

—尋找最短路徑透過時間複雜度為 $O(|V|)$ 的廣度優先演算法實作，總時間複雜度是 $O(|V| \cdot |E|^2)$。

時間複雜度為 $O(|V| \cdot |E|^2)$ 的 Edmonds-Karp 演算法：從一個空的流開始，只要存在增廣路徑，就沿著最短增廣路徑進行擴展。

實作細節

在一個佇列 Q 的協助下，廣度優先演算法能找到最短增廣路徑。陣列 P 有兩個作用。一方面，它用於標註已被廣度優先演算法巡訪過的頂點[註1]。在這種情況下，我們沒有簡單標註「是」或「否」，而是在記憶體中保存從路徑源點到相關頂點的路徑。另一方面，我們藉此跟著 P 值回溯到源點，進而沿著路徑來擴展流。對於每個已經存取過的頂點 v，陣列 A 保存沿著源點到 v 路徑的最小剩餘容量值。使用陣列 A，我們可以確定沿著這條增廣路徑能把這個流擴展到多大。

```
def _augment(graph, capacity, flow, source, target):
    n = len(graph)
    A = [0] * n                      # A[v]= 從源點到 v 的路徑的最小剩餘容量
    augm_path = [None] * n                  # None = 尚未存取過的頂點
    Q = deque()                             # 廣度優先巡訪
    Q.append(source)
    augm_path[source] = source
    A[source] = float('inf')
    while Q:
        u = Q.popleft()
        for v in graph[u]:
            cuv = capacity[u][v]
            residual = cuv - flow[u][v]
            if residual > 0 and augm_path[v] is None:
                augm_path[v] = u            # 儲存巡訪過的點
                A[v] = min(A[u], residual)
```

---

[1]　想一想，為什麼要標註P[source]？

```python
                    if v == target:
                        break
                    else:
                        Q.append(v)
        return(augm_path, A[target])              # 增廣路徑，最小剩餘容量


def edmonds_karp(graph, capacity, source, target):
    add_reverse_arcs(graph, capacity)
    V = range(len(graph))
    flow = [[0 for v in V] for u in V]
    while True:
        augm_path, delta = _augment(graph, capacity, flow, \
            source, target)
        if delta == 0:
            break
        v = target                                # 回溯回源點
        while v != source:
            u = augm_path[v]                       # 擴展流
            flow[u][v] += delta
            flow[v][u] -= delta
            v = u
    return(flow, sum(flow[source]))               # 流，流的值
```

9-7 Dinic最大流算法

複雜度為 $O(|V|^2 \cdot |E|)$ 的 Dinic 演算法

Dinic演算法與前述演算法是同時間被找到的。這次，我們沒有在一個增廣路徑的集合中逐一搜索，直到 s 和 t 之間距離增加，而是使用唯一一次巡訪就找到這樣一個流。演算法複雜度變成了 $O(|V|^2 \cdot |E|)$。

設想一個函數 dinic(u,val)，它試圖在一個分層圖中讓一個流從 u 到 t 經過。限制是這個流不能超過 val。函數返回這個流的值，透過呼叫 u 的順序，沿著從 s 到 u 的路徑擴展流。具體而言，為了把一個值為 val 的流從 u **推動**到 t，我們在分層圖中巡訪所有 u 的相鄰頂點 v，並用遞迴方式讓最大流從 v 通向 t。流的總和就是能把 u 推動到 t 的最大流。

函數 dinic(u,val) 會檢測頂點 t 是否無法從 u 到達，從 u 到 t 是否不再有任何流。如果是，函數會從分層圖中去掉 u，只需簡單把它設定為「不存在」的 -1 等級。這樣一來，隨後的呼叫不必嘗試從 u 通過一個流。很明顯的，在 $O(n)$ 次迭代後，s 和 t 會斷開連接，然後我們重新計算一個新的分層圖（圖 9.5）。

即便使用一個鄰接陣列來表示圖，用矩陣來表示流的剩餘容量也非常有效。要注意，每個操作都滿足對稱性 $f(u,v)=-f(v,u)$。

```python
def dinic(graph, capacity, source, target):
    assert source != target
    add_reverse_arcs(graph, capacity) Q = deque()
    total = 0
    n = len(graph)
    flow = [[0] * n for u in range(n)]     # 初始狀態的空流
    while True:                            # 當可以擴展的時候重覆
        Q.appendleft(source)
```

```
        lev = [None] * n              # 按層建立，不可到達的時候=None
        lev[source] = 0                        # 使用廣度優先巡訪
        while Q:
            u = Q.pop()
            for v in graph[u]:
                if lev[v] is None and capacity[u][v] > flow[u][v]:
                    lev[v] = lev[u] + 1
                    Q.appendleft(v)

            if lev[target] is None:      # 當滙點無法到達的時候停止
                return flow, total              # UB = 上界
            UB = sum(capacity[source][v] for v \
                in graph[source]) - total
            total += _dinic_step(graph, capacity, lev, flow, \
                source, target, UB)

def _dinic_step(graph, capacity, lev, flow, u, target, limit):
    if limit <= 0:
        return 0
    if u == target:
        return limit
    val = 0
    for v in graph[u]:
        residuel = capacity[u][v] - flow[u][v]
        if lev[v] == lev[u] + 1 and residuel > 0:
            z = min(limit, residuel)
            aug = _dinic_step(graph, capacity, lev, flow, v, \
                target, z)
            flow[u][v] += aug
            flow[v][u] -= aug
            val += aug
            limit -= aug
    if val == 0:
        lev[u] = None                           # 去掉無法到達的頂點
    return val
```

實作細節

陣列lev保存著一個頂點在分層圖中的層級。當再也不能從源點抵達匯點時，這個圖會被重新計算。Dinic_step方法會盡可能多地把流從 u 推動到匯點，而且不超過給定的限制。為了實作這點，它在分層圖中把盡可能多的流推動到自己的相鄰頂點，然後在val中匯總已推動過的流的數量。當沒有任何一個流從源點離開時，頂點 v 就被設置在None層，進而從分層圖中移除。

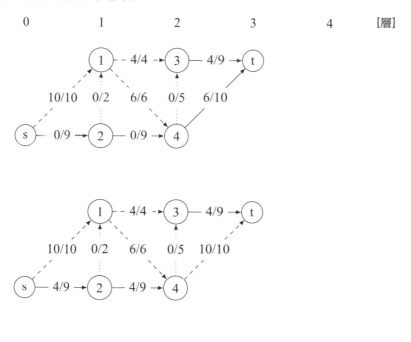

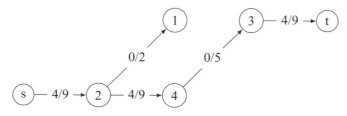

圖 9.5 Dinic演算法過程中的分層圖演化。圖中僅展示了通向下一層的弧，弧用 f/c 來標註，其中 f 是流，c 是容量。無法抵達的飽和弧用截線表示，即將成為分層圖一部分的弧用點線表示。在沿著路徑 s-2-4-t 把流擴展了4以後，頂點 t 被斷開。這時必須重新計算分層圖，重算後的分層圖在最下方

9-8　s-t最小割

應用

在敵國，城市之間以道路連接，摧毀每條道路都需要一些成本。給定兩個城市 s 和 t，目的是以最小成本來斷開從 s 到 t 的道路連接。

定義

問題的一個例子是包含兩個不同頂點 s 和 t 的有向圖 $G(V, A)$，每條弧 c 的成本是 $A \to \mathbb{R}^+$。s-t 割就是一個集合 $S \in V$，包含 s 但不包含 t。同樣，割 S 有時以離開 S 的弧來定義，即那些滿足 $u \in S$ 和 $v \notin S$ 的弧 (u, v)（圖 9.6）。割的值是這些弧的總成本。演算法旨在找到一個成本最小的割。

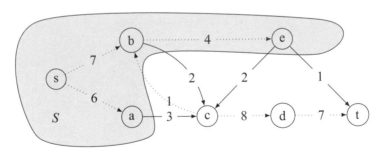

圖 9.6　s-t 的一個最小割 S，成本為 3+2+2+1=8。離開 S 的弧用實線表示

與最大流問題的關係

我們用一個最小割問題的成本 c 來識別一個最大流問題的容量 c。所有流必須通過這個割，因此所有割的值，都是所有流的值的上界。但兩者還存在以下更強的關係：

最大流最小割（Max-flow-min-cut）定理指出，最大流的值與最小割的值相等。

這個定理在1956年由Elias、Feinstein和Shannon證明了一部分，由Ford和Fulkerson證明了另一部分。證明是由一系列簡單的測試組成。

1. 對於一個離開割S的流f，如$f(S) = \sum_{u \in S, v \notin s} f(u,v)$，$f(S)$的數量對所有$S$都一樣。證明方式很簡單，因為對於所有$w \notin S$，$w \neq t$，先後通過（9.4）和（9.2），有：

$$\begin{aligned}
f(S) &= \sum_{u \in S, v \notin S} f(u,v) = \sum_{u \in S, v \notin S} f(u,v) + \sum_{v} f(w,v) \\
&= \sum_{u \in S, v \notin S, v \neq w} f(u,v) + \sum_{u \in S} f(u,w) + \sum_{u \in S} f(w,v) \mid \sum_{u \notin S} f(w,v) \\
&= \sum_{u \in S \cup w, v \notin S \cup w} f(u,v) = f(S \cup w)
\end{aligned}$$

2. 通過（9.3）有$f(S) \leq c(S)$，即離開S的流永遠不會比S的值大。這證明了理論的一半，即最大流的最大值是最小割的值。

3. 現在，如果給定一個流f，對於所有割S都有$f(S) < c(S)$，那麼存在一條增廣路徑，只需設定$S = s$且$P = \varnothing$。由於$f(S) < c(S)$，因而存在一條邊(u,v)滿足$u \in S$和$v \notin S$，且$f(u,v) < c(u,v)$。我們把(u,v)添加到P中。如果$v = t$，那麼P就是一條增廣路徑，否則把v添加到S中重新開始。

🐾 演算法

這就給出了解決最小割問題的一個演算法。首先計算最大流；然後在剩餘圖中，透過剩餘容量為正值的弧，可以確定從s出發能到達的頂點v的集合S。這樣一來，由於流有最佳解就不該存在一條增廣路徑，因而S不包含t。S值最大化特性讓所有離開它的弧都被流飽和，S的剩餘容量是0，所以S是一個最小割。

9-9 平面圖的s-t最小割

平面圖

當圖是平面圖[註1]，而且給定了平面的嵌入方式時，s-t最小割問題能更有效地解決。為了簡化描述，我們假設圖是一個平面網格。網格由邊連接起來的頂點組成，邊把圖切分成一個個蜂窩單元。設想網格是矩形的，源點在左下角，匯點在右上角。

雙面圖

在一個雙面圖中，每個蜂窩單元都是一個頂點，且存在兩個額外的頂點 s' 和 t'。頂點 s' 代表網格的左上角，t' 代表網格的右下角。如果兩個頂點在原始圖中被一條邊分開，它們會在新圖中被重新連接。兩條邊的權重是一樣的（圖9.7）。

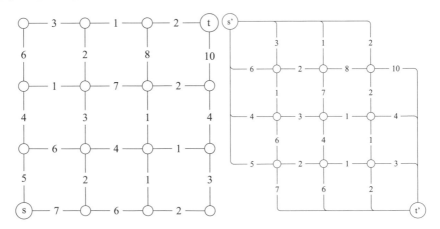

圖 9.7 左邊是原始圖，右邊是雙面圖：最短路s'-t'徑對應著最小割s-t

---

1 [譯者註] 一個圖若能在平面中描繪，而且任何邊不出現交叉，它就是平面圖。換句話說，當圖中一個頂點與另一頂點相連，使得所有邊（兩點間線段）僅在頂點交叉時，圖即為嵌入平面。

關鍵測試

在雙面圖中，所有長度為 w 的路徑 s'-t' 對應著平面圖中值為 w 的割 s-t，反之亦然。

複雜度為 $O((|V| + |E|)\log|V|)$ 的演算法

為了計算這個矩陣中的最小割，只需使用 Dijkstra 這類演算法找到雙面圖中的最短路徑即可。

變形

關鍵問題在於找到一個把圖切斷的最小割，也就是說，在所有頂點對 (s,t) 上的最小割 s-t。這個問題可以使用 Stoer-Wagner 演算法在時間 $O(|V| \cdot |E| + |V|^2\log|V|)$ 內解決，它要比為每個頂點對 (s,t) 在時間 $\Theta(|V|^2)$ 內切割 s-t 更有意義（見參考文獻 [25]）。

9-10 運輸問題

　　流問題的一個推廣問題是運輸問題，其中存在多個源點和多個匯點。實際上，每個頂點 v 有一個值 d_v。當 d_v 為正，表示對外供應貨物；當 d_v 為負，表示需要貨物。問題必須滿足 $\sum_{v \in V} d_v = 0$ 才能有解。目的是找到一個流，將運輸量提供給需求方，因此這個流必須符合容量。而對於每個頂點 v，輸入流與輸出流的差值等於 d_v。在這此條件下，我們討論的是「環流」而非「流」。透過添加源點和匯點，同時把源點與所有供應頂點連接，把匯點與所有需求頂點連接，這個問題可以很容易簡化為流問題。

　　另一個變形問題把每個頂點與流的單位輸送成本相關聯。例如，假設一條弧 e 有一個流 $f_e=3$ 和一個成本 $w_e=4$，流在這條弧上造成的成本是12。目的是找到一條讓總成本最低的流。流可以是最大流，也可以是在運輸問題中滿足所有條件的流。因此，這個問題又稱為最低成本運輸問題。

　　為了解決問題，仍可以採用與 Kuhm-Munkres 演算法（匈牙利演算法）類似的演算法。我們可以從最大流開始，然後沿著負成本環找到流，並擴展流。

9-11 在流和匹配之間化簡

在二分最大匹配問題和最大流問題中，存在兩個有趣的關係。

從匹配到流

首先，如果你有一個演算法來計算一個圖中的最大流，那麼你就可以在一個二分圖 $G(U, V, E)$ 中計算最大匹配。為此，必須建立一個新圖 $G'(V', E')$，其頂點 $V' = U \cup V \cup \{s, t\}$ 包含了兩個新頂點 s 和 t。源點 s 與 U 中的所有頂點連接，而 V 中任何頂點與匯點 t 連接。另外，每條邊 $(u, v) \in E$ 都與一條弧 $(u, v) \in E'$ 相關。G' 中的所有弧都只有 1 個單位的容量。

我們用多個層來表示這個圖。第一層包含 s，第二層包含 U，第三層包含 V，最後一層包含 t。透過分層，G' 中一個值為 k 的流即為 k 條穿越每個分層，且不返回已經過層的路徑。因此，由於容量是 1 個單位的，頂點 $u \in U$ 最多只能被一條路徑穿過，V 中其他頂點也一樣。所以，流在 2 層和 3 層之間經過的邊形成了大小為 k 的匹配。

從流到匹配

另一方面，如果你有一個演算法能夠在一個二分圖中計算出一個最大匹配，那麼當容量為單位值時，你也能解決運輸問題。設圖 $G(V, E)$ 且 $(d_v)_{v \in V}$ 是一個運輸問題。

第一步，添加一個源點 s 和一個匯點 t。對於所有頂點 v，添加 $\max\{0, -d_v\}$ 條弧 (s, v) 和 $\max\{0, d_v\}$ 條弧 (v, t)。得到的結果是一個圖 G'，在兩個頂點之間會有多條連接弧，因此該圖稱為**多重圖**。若且唯若新的多重圖 G' 有一個值為 $\Delta = \sum_{v:d_v > 0} d_v$ 的流 s-t 時，最初的運輸問題有解。

　　第二步，建立一個二分圖 $H(V^+, V^-E')$，它僅在 G' 有一個值為 Δ 的 s-t 流時滿足完美匹配。對於 G' 中以 $e=(s,v)$ 形式表示的每條弧，生成一個頂點 $e^+ \in V^+$。對於 G' 中以 $e=(v,t)$ 形式表示的每條弧，生成一個頂點 $e^- \in V^-$。對於 G' 其他的弧 e，生成兩個頂點 $e^- \in V^-$ 和 $e^+ \in V^+$，並用一條邊將它們連接。另外，對於所有弧 e、f，滿足 e 的匯點與 f 的源點重合，生成一條邊 (e^+, f)。

　　考慮 H 中的一個完美匹配。匹配中一條格式為 (e^-, e^+) 的邊表示不存在穿過弧 e 的流。匹配中一條格式為 (e^+, f') 且 $e \neq f$ 的邊表示一條穿過弧 e 然後穿過弧 f 的單位容量流。根據這個結構，所有連接源點或匯點的鄰接弧都被流穿過。匹配即為一個值為 Δ 的 s-t 流（圖9.8）。

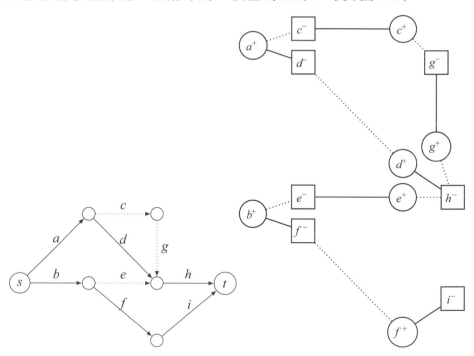

圖 9.8　將單位容量的運輸問題化簡為二分最大匹配問題

9-12　偏序的寬度：Dilworth演算法

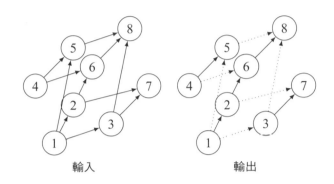

輸入　　　　　　　　輸出

💠 定義

給定一個偏序集合，即一個無環、有向且有傳遞性的圖 $G(V, A)$。G 中的鏈是一條有向路徑，可引申為鏈是路徑覆蓋的所有頂點[1]。G 中的反鏈是一個頂點集合 S，不存在 $(u,v) \in S$，其中 $(u,v) \in A$。偏序的寬度指的是最長的反鏈長度。問題是如何計算這個寬度。

鏈和反鏈之間的重要關係由以下定理給出：

Dilworth定理（1950）：設最大反鏈的大小為 a；把頂點拆分成為鏈，設鏈的最少數量為 b，則有 $a=b$。[2]

對於一個反鏈 A，將它拆分後的鏈的集合為 B。鏈 A 與集合 B 中的每個鏈最多僅交叉於一個頂點。但是，每個頂點 $v \in A$ 必屬於 B 中的一條

---

[1] [譯者註] 鏈更常見的定義是一個圖的頂點的子集，其中任意兩個元素都可以比較。

[2] [譯者註] 鏈的最少劃分數等於反鏈的最長長度。

路徑，因為 B 把圖分成多個部分。故 $|A| \leq |B|$。Dilworth 定理證明了這兩個問題的極限值相等。

為證明這點，考慮一個二分圖 $H(V^-, V^+, E)$，對於每個頂點 $v \in V$，存在一個頂點 $v^- \in V^-$ 且 $v^+ \in V^+$，而對於每條弧 (u, v) A 存在邊 $(u^-, v^+) \in E$。設 M 是圖 H 的一個最大匹配。根據 Konig 定理（見 9.1 節），存在一個頂點集合 S，包含 H 中每條邊的至少一個端點，且 $|M| = |S|$。

M 對應著圖 G 被 B 中路徑拆分的一個分區，它由邊 (u, v) 組成，且滿足 (u^-, v^+) M。所有路徑都結束於 v，且 v^- 在 M 中是自由頂點，因此 $|B| = |V| - |M|$。

S 對應著一個反鏈 A，它由頂點 v 的集合組成，且滿足 S 中不存在 v^- 或 v^+。由於 H 中每條邊至少有一個端點在 S 中，因而沒有任何一條弧的端點在 A 中，因此 A 是一條反鏈。

A 的大小至少是 $|V| - |S|$，因此 $|A| \geq |B|$。但是，由於反鏈的大小是鏈拆分後的分區大小的下限，由此可知二者相等。

複雜度為 $O(|V| \cdot |E|)$ 的演算法

這個問題可化簡為最大匹配問題（圖 9.9）。

— 建立一個二分圖 $H(V^-, V^+, E)$，其中 V^- 和 V^+ 是 V 的副本；當 $(u, v) \in A$ 時，有 $(u^-, v^+) \in E$。

— 在 H 中計算一個最大匹配 M。

— 計算 U 中未匹配的頂點數量，這既是 G 中最大反鏈的大小，也是偏序 G 的大小。

— 設 G 中弧的集合 D，且當 $(u, v) \in M$ 時，使得 $(u, v) \in D$。那麼 D 是 V 被拆分後鏈數量最小的一部分。

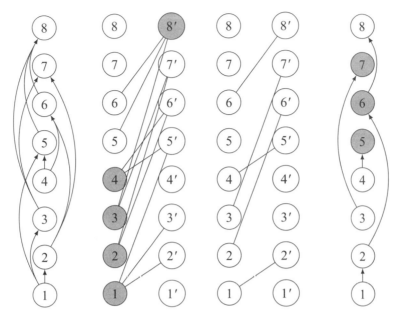

圖 9.9 從左到右：一個偏序G；相關二分圖H；H中頂點S的覆蓋用灰色表示；
H的一個最大匹配；G中最大鏈數量的拆分，相關反鏈標註為灰色

預訂計程車

假設一家計程車公司擁有第二天的全部預約路線。公司必須在頭天夜裡把車隊中的計程車分配給各個預約，並要讓計程車的用量最小化。每個預約準確對應著一個確定的出發時間和出發地點，並去往另一個地方。假設所有路程的時間都是已知的，那麼，我們可以確定同一輛計程車是否能在完成預約 i 後，繼續完成預約 j。我們用 $i \leq j$ 表示這種情況。$\leq$ 關係是給定預約資料上的一個偏序，而問題解就是計算這個偏序的大小。

推廣

如果圖有權重，我們可以尋找一個鏈的最小拆分，同時，這種拆分讓所有弧的和最小化。這個問題可以化簡為在二分圖中尋找最小成本的完美匹配問題，並可在時間複雜度 $O(|V|^3)$ 內解決。

實作細節

演算法的實作返回一個陣列 p，該陣列編碼了最佳分區。$p[u]$ 是保存了頂點 u 的鏈的索引，鏈從 0 開始編碼。函數的輸入收到一個正方形矩陣 M，它對每個頂點對 u 和 v 標註了弧 (u,v) 的成本；當弧不存在時，成本值為 None。這個實作假設所有頂點都按拓撲順序排序過，因此，如果弧 (u,v) 存在，那麼有 $u < v$。

```python
def dilworth(graph):
    n = len(graph)                              # 最大割
    match = max_bipartite_matching(graph)       # 鏈的分區
    part = [None] * n
    nb_chains = 0
    for v in range(n - 1, -1, -1):              # 拓撲逆序
        if part[v] is None:                     # 鏈的開始
            u = v
            while u is not None:                # 跟隨鏈前進
                part[u] = nb_chains             # 標註
                u = match[u]
            nb_chains += 1
    return part
```

Chapter 10

樹

　　樹是一種組合資料結構，當我們考慮的對象建立在資料結構之上時，樹就自然而然地出現了。其中最常見的考慮對象包括分類、層級關係、家譜等。一般來說，樹結構需要用遞迴方式處理，演算法的關鍵在於找到一個好的巡訪方法。在本章中，我們會看到很多樹的經典問題。

　　正式來說，樹是一個聯通無環圖。樹中一個頂點可以被指定為**根節點**，在這種情況下，樹稱作**有根樹**。根節點使樹中的弧賦予了父子關係。從一個頂點出發並沿著連接向上爬，就能抵達根節點。沒有子節點的頂點被稱作**葉子節點**。一個有 n 個頂點的樹一定有 n-1 條邊。為了證明這點，我們從一棵樹中輪流移除一個葉子節點和一條相鄰邊；在這個操作結束前，我們一定會得到一個孤立的頂點，一個只有 1 個頂點和 0 條邊的樹。

　　基於樹的動態資料結構有很多種，如紅黑搜尋二元樹或線段樹。這些結構實作了樹的再平衡，以便讓操作能夠在對數時間內完成。相反在程式設計競賽問題中，輸入只給出一次，因此有時可以跳過這些操作，直接建立平衡的資料結構。

　　我們可以用兩種方式來表達一個基本樹。第一種是經典表示方式，即用鄰接陣列來描述，不區分特定的頂點，如樹的根節點。另一種常用表示方式是前驅表方式：對於一個有根樹（通常根節點是 0），除了根節點以外，每個頂點僅有一個唯一的前驅節點，後者被編碼到一個表中。根據問題的類型和使用的演算法，其中一種表示方式會更加匹配，而一種表示方式的樹轉換為另一種也可以在線性時間複雜度內完成。

```python
def tree_prec_to_adj(prec, root=0):
    n = len(prec)
    graph = [[prec[u]] for u in range(n)]      # 添加前驅節點
    graph[root] = []
    for u in range(n):                          # 添加後序節點
        if u != root:
            graph[prec[u]].append(u)
    return graph
```

```python
def tree_adj_to_prec(graph, root=0):
    n = len(graph)
    prec = [None] * len(graph)
    prec[root] = root                       # 標註，為了不重覆存取根節點
    to_visit = [root]
    while to_visit:                         # 深度優先巡訪
        node = to_visit.pop()
        for neighbor in graph[node]:
            if prec[neighbor] is None:
                prec[neighbor] = node
                to_visit.append(neighbor)
    prec[root] = None                       # 用標準方式標註根節點
    return prec
```

10-1 霍夫曼編碼

定義

一個字母表 $\sum$ 的二進制編碼是一個函數 $c:\sum \to \{0,1\}*$，且當 $a,b \in \sum$ 時，保證沒有任何一個編碼的字元 $c(a)$ 是另一個字元 $c(b)$ 的前綴。這個編碼把 $\sum$ 中的每個字元變成了 $\{0,1\}*$ 格式。而前綴上的特性可以清晰無誤地解碼出原始內容[註1]。一般來說，我們希望編碼盡可能地短。正式地說，給定一個頻率函數 $f:\sum \to \mathbb{R}^+$，我們尋找一個編碼方式讓以下式子最小，以便讓成本最小化：

$$\sum_{a\in\sum} f(a)\cdot|c(a)|$$

複雜度為 $O(n \log n)$ 的演算法

其中 n 是字母表的大小。霍夫曼編碼可以被視為一棵二元樹，其葉子節點是字母表的每個字母，而每個節點標註了該節點為根節點的子樹，其葉子節點的字元使用頻率。為了建立這棵二元樹，我們從一個森林開始，其中每個字母是一個單節點樹，並用它的使用頻率標註。然後當有多棵樹時，我們把兩個頻率最低的樹匯總在一起，再把這個新根節點用兩棵子樹的使用頻率之和來標註（圖10.1）。透過參數交換，我們可以證明這樣生成的編碼是最佳的。

為了能夠操作這個樹形結構，我們把它放置在一個能有效添加元素和刪除最小元素的資料結構──優先順序佇列中。操作的時間成本與結構中物件的數量呈對數關係。一般我們使用堆積來實作。在 Ｐｙｔｈｏｎ

---

1 [譯者註] 這裡的編碼格式用正則表示式來表示，{0,1}*即為任意數量的0和1所組成的字串，也就是二進制編碼。

裡，這個結構在 heapq 模組中。

儲存在優先順序佇列中的元素是元組 (f_A, A)，其中 A 是一棵二元樹，f_A 是儲存在 A 中的所有字元的使用頻率之和。一棵樹以兩種方式來編碼。一個字元 a 表示只有一個葉子節點（和根節點）的一棵樹。由左子樹 l 和右子樹 r 組成的一棵樹用元組 (l, r) 表示，且它必須是一個串列[註1] 以避免重複。

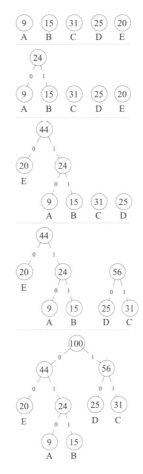

字元	輸入頻率	輸出編碼
A	7	00
B	7	01
C	7	10
D	7	11
A	40	1
B	5	01
C	2	001
D	1	000

圖 10.1 建立一個霍夫曼編碼。每個節點標註了以其為根節點的子樹，其所有葉子節點的使用頻率之和。在最下方，兩個不同的輸入產生了兩個不同的霍夫曼編碼

---

[1] [譯者註] 必須是無重複元素的串列。

```python
def huffman(freq):
    h = []
    for a in freq:
        heappush(h, (freq[a], a))
    while len(h) > 1:
        (fl, l) = heappop(h)
        (fr, r) = heappop(h)
        heappush(h, (fl + fr, [l, r]))
    code = {}
    extract(code, h[0][1])
    return code

def extract(code, tree, prefix=""):
    if isinstance(tree, list):
        l, r = tree
        extract(code, l, prefix + "0")
        extract(code, r, prefix + "1")
    else:
        code[tree] = prefix
```

10-2　最近的共同祖先

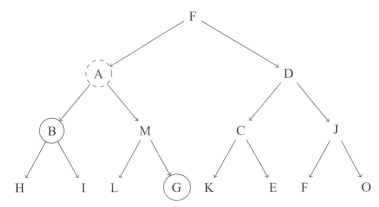

輸入：B, G
輸出：A

定義

給定一棵有 n 個節點的樹，我們希望在對數時間內回覆以下的查詢：對於兩給定頂點 u 和 v，找到它們在樹中最近的共同祖先（lowest common ancestor，簡稱 LCA）。滿足條件的節點 u' 把 u 和 v 保存在 u' 的子樹中，而且沒有任何 u' 的直接後序節點有該屬性。

每次查詢複雜度為 $O(\log n)$ 的結構

構思是為每個節點 u 添加一個層級資訊和指向其祖先的參照，其中 anc$[k, u]$ 是 u 的一個等級為 level$[u]$-2^k 的祖先節點值（如果祖先節點存在）；否則該值是 -1。因此，我們可以用這些「指標」快速追溯祖先節點的位置。

考慮查詢 LCA(u, v)，即「誰是 u 和 v 的最近祖先？」在不失普適性的

前提下，我們假設 $level[u] \leq level[v]$。首先要選擇與 u 在同一層級的 v 的祖先。然後對每個 k 從 $\log_2 n$ 到 0 迭代，如果 $anc[k,u] \neq anc[k,v]$，那麼用 u 和 v 的祖先節點 $anc[k,u]$ 和 $anc[k,u]$ 來替換它們。最終當 $u=v$ 時，我們找到了它們的共同祖先。

實作細節

我們假設樹以一個陣列 $prec$ 的形式給出，其中對於每棵樹的節點 $u \in \{0,1,\cdots,n-1\}$，且 $prec[u]$ 表示父節點。當父節點索引比子節點索引小 1，且根節點是 0 時，以上假設成立。

```python
class LowestCommonAncestorShortcuts:
    def __init__(self, prec):
        n = len(prec)
        self.level = [None] * n        # 建立層級
        self.level[0] = 0
        for u in range(1, n):
            self.level[u] = 1 + self.level[prec[u]]
        depth = log2ceil(max(self.level[u] for \
            u in range(n))) + 1
        self.anc = [[0] * n for _ in range(depth)]
        for u in range(n):
            self.anc[0][u] = prec[u]
        for k in range(1, depth):
            for u in range(n):
                self.anc[k][u] = self.anc[k - 1] \
                    [self.anc[k - 1][u]]

    def query(self, u, v):
        # -- 假設 v 在樹中有 u 高
        if self.level[u] > self.level[v]:
            u, v = v, u
        # -- 讓 v 與 u 在同級
        depth = len(self.anc)
        for k in range(depth - 1, -1, -1):
            if self.level[u] <= self.level[v] - (1 << k):
                v = self.anc[k][v]
```

```
assert self.level[u] == self.level[v]
if u == v:
    return u
# -- 升至最近的共同祖先
for k in range(depth -1, -1, -1):
    if self.anc[k][u] != self.anc[k][v]:
        u = self.anc[k][u]
        v = self.anc[k][v]
assert self.anc[0][u] == self.anc[0][v]
return self.anc[0][u]
```

在一個區間內取最小值的替代方案

考慮一個對樹的深度優先巡訪，如圖 10.2 所示。為簡化起見，假設所有頂點使用以下編號方式：所有頂點的編號都大於其父節點的編號。我們在一個陣列 t 中記錄這個巡訪過程，在第一次和最後一次遇到頂點 u，以及在每次向下朝子節點遞迴時，都記錄這個頂點。我們用 $f[u]$ 來記錄處理頂點 u 的結束時間。現在，陣列 t 在 $f[u]$ 和 $f[v]$ 之間包含了所有在 u 和 v 之間巡訪的中間節點。這個區間中的最小頂點就是 u 和 v 的最低層祖先。因此，只需在線性時間內生成對樹的深度優先巡訪陣列 t，並使用一個分段樹來回覆查詢即可（見 4.5 節）。建立這個結構需要的時間是 $O(n\log n)$，一次查詢的時間複雜度是 $O(\log n)$。

實作細節

演算法實作用鄰接串列的方式接收輸入的圖，而且不假設各頂點的編號方式。因此，dfs_trace 記錄不僅包含頂點，也包含元組（深度和頂點）。由於輸入有可能很大，深度優先巡訪透過一個堆疊 to_visit 來遞迴地實作。陣列 next 表示對於每個頂點，有多少個後序節點已被巡訪過。

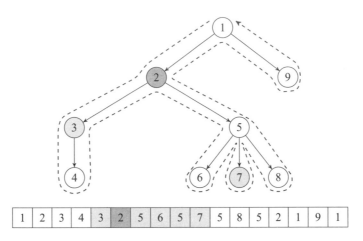

圖 10.2 把最低層級共同祖先問題，簡化為在深度優先巡訪過程中的區間最小值問題

```python
class LowestCommonAncestorRMQ:
    def __init__(self, graph):
        n = len(graph)
        dfs_trace = []
        self.last = [None] * n
        to_visit = [(0, 0, None)]                    # 頂點 0 是樹的根節點
        next = [0] * n
        while to_visit:
            level, node, father = to_visit[-1]
            self.last[node] = len(dfs_trace)
            dfs_trace.append((level, node))
            if next[node] < len(graph[node]) and \
               graph[node][next[node]] == father:
                next[node] += 1
            if next[node] == len(graph[node]):
                to_visit.pop()
            else:
                neighbor = graph[node][next[node]]
                next[node] += 1
                to_visit.append((level + 1, neighbor, node))
        self.rmq = RangeMinQuery(dfs_trace, (float('inf'), None))

    def query(self, u, v):
        lu = self.last[u]
```

```
        lv = self.last[v]
        if lu > lv:
            lu, lv = lv, lu
        return self.rmq.range_min(lu, lv + 1)[1]
```

變形

　　使用這個資料結構，我們還可以確定樹中兩個節點之間的距離，因為通過最近共同祖先的路徑一定最短。

10-3 樹中的最長路徑

定義：給定一棵樹，尋找樹中的最長路徑。

複雜度：線性。

使用動態規劃的演算法

和很多與樹相關的問題一樣，我們可以使用歸納子樹的動態規劃演算法。固定一個根節點，以便把樹中的邊轉向。

對於每個頂點 v，我們考慮一個以 v 為根節點的子樹。用 $b[v]$ 來記錄該子樹中以 v 為終點的最長路徑，用 $t[v]$ 來記錄子樹中沒有限制條件的最長路徑長度。我們也把 $b[v]$ 稱作「以 v 為根節點的子樹的深度」。

如果 v 沒有子節點，則 $b[v]=t[v]=0$。否則有以下關係：

$b[v]=1+\max b[u]$ 對於 v 節點的子節點 u

$t[v]=\max\{\max t[u_1],\max b[u_1]+2+b[u_2]\}$ 對於 v 節點的子節點 u_1 和 u_2

程式可以不必使用 -1 作為預設值來測試子節點數量。注意，沒必要為了獲得讓 b 值最大化的兩個子節點，而對節點的子節點進行排序。

陷阱

如果樹中有數百萬個頂點，由於呼叫堆疊的大小限制[註1]，使用 Python 進行深度優先巡訪是無法實作演算法的。因此，需要使用一個顯式的堆疊[註2]

[註1] [譯者註] 在Linux系統下使用ulimit -a命令可以看到系統對堆疊的數量限制。

[註2] [譯者註] 自己用程式去實作一個堆疊，而不是系統提供的堆疊。

測試

設一棵樹中的隨機頂點 r 和一個與 r 距離最遠的頂點 u，於是在邊界樹 u 中存在一條最長路徑。為了證明這點，設一條端點為 v_1 和 v_2 的最長路徑，在從 r 到 u 的路徑上有頂點 u'，從 v_1 到 v_2 的路徑上有頂點 v'，使得 u' 和 v' 的距離最小。如果這兩條路徑相交，我們可以在 u' 和 v' 的連接線中選擇一個隨機頂點（圖 10.3）。

我們用 d 來記錄樹中的距離。對於 u，我們有[1]：

$$d(u',u) \geq d(u',v')+d(v',v_1)$$

由於 v_1 到 v_2 路徑是最佳的[2]，我們有：

$$d(v_1,v') \geq d(v',u')+d(u',u)$$

這使得 $d(u',v')=0$ 且 $d(v',v_1)=d(v',u)$。因此，從 v_2 到 u 的路徑同樣也是樹中一條最長路徑。

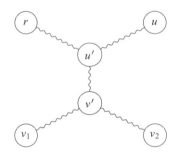

圖 10.3　替換一個參數，證明當 u 是 r 的一個距離最遠頂點時，存在一條從 u 出發的最長路徑

譯者提示

記錄 $d(u,u')=a,d(u',v')=b,d(v',v_1)=c$，我們會發現 $a \geq b+c$[1]，且 $c \geq b+a$[2]，那麼把 [1] 中的 c 替換掉，得到 $a \geq b+b+a$，進而發現 $b=0$。把 $d=0$ 代入 [1] 和 [2] 得到 $a \geq c$ 和 $c \geq a$，進而得到 $a=c$。

---

[1]　[譯者註] 因為從 r 到 u 的距離最遠，因此在從 r 到 u' 一樣的情況下，$u' \to v' \to v_1$ 的距離一定小於 $u' \to u$ 的距離。

[2]　[譯者註] 前面條件假設存在一條端點為 v_1，v_2 的最長路徑。

深度優先演算法

上述測試暗示存在一個替代演算法。透過深度優先巡訪，可以確定一個給定頂點的最遠距離頂點。因此，我們可以選擇一個隨機頂點 r，確定一個距離 r 最遠的頂點 v_1，然後重新確定一個距離 v_1 最遠的頂點 v_2。從 v_1 到 v_2 的路徑就是最長路徑。

變形

我們希望在樹中刪掉盡可能少的邊，使得由此產生的樹中不存在長度超過 R 的路徑。為此，只需在執行上述動態規劃方法時，刪掉確定下來的關鍵邊即可。

考慮連續處理頂點 v 及其子節點 $u_1, \cdots, u_d$，使得 $b[u_1] \leq \cdots \leq b[u_d]$。當 $b[u_d]+1 > R$ 或 $b[u_{d-1}]+2+b[u_d] > R$ 時，刪除邊 (v, u_d)，然後減小 d，並重新開始測試。

10-4 最小權重生成樹：Kruskal演算法

定義

　　給定一個無向連通圖，我們希望找到一個邊的集合，使得所有頂點對能透過這些邊連接起來。邊的權重為正值，而我們想找的是權重和最小的邊的集合。注意，在一個環中刪除一條邊仍能保留連通性，所以這種集合是無環的，它是一棵樹——我們尋找的是一棵最小權重生成樹（圖10.4）。

應用

　　圖中的邊帶著權重（或成本）w，我們要用最少的成本來添加邊，最終讓圖連通，因此需要一個集合 $A \subset E$，使得 $G(V, A)$ 連通，且 $\sum_{e \in A} w(e)$ 值最小。

複雜度為 $O(|E|\log|E|)$ 的演算法

　　Kruskal演算法使用窮舉法來解決問題，按照權重升序來巡訪所有邊 (u, v)，並在它們不能形成一個環的時候選擇每條邊 (u, v)。演算法的最佳性透過參數替換來證明。對於演算法生成的解答 A 和一個任意解答 B，假設演算法選擇的第一條邊為 e，且它不在 B 集合中，那麼 $B \cup \{e\}$ 包含著一個環 C。透過選擇 e，環 C 中所有邊都有至少和 e 一樣大的權重。因此，用 B 中的 e 替換其中一條邊就能保留 B 的連通性。這樣做不增加成本，僅僅減少了 A 到 B 之間的距離[註1]。選擇 B 作為越來越接近 A 的最佳解，可以反證 A 就是最佳解。

---

[1] 例如A與B之間的距離，我們選擇$|A \backslash B| + |B \backslash A|$。

圖 10.4 有256 個頂點的完全圖中的最小權重生成樹，每條邊的權重是它到其端點的歐氏距離

實作細節

為了能按照權重升序巡訪所有邊，我們要新建一個包含權重和邊的資料對串列。串列根據資料對的字典序排序，並被巡訪。為了維護森林，並能高效率地檢測加入一條新邊後能否構成環，我們使用一個聯合尋找集合的結構（見 1.5.5 節）。

```python
def kruskal(graph,weight):
    uf=UnionFind(len(graph))
    edges=[]
    for u in range(len(graph)):
        for v in graph[u]:
            edges.append((weight[u][v],u,v))
    edges.sort()
    mst=[]
    for w,u,v in edges:
        if uf.union(u,v):
            mst.append((u,v))
    return mst
```

Prim 演算法

　　問題有另外一種演算法解法，即 Prim 演算法，其運行方式和 Dijkstra 演算法類似。Prim 演算法為一個頂點集合 S 維護一個優先順序佇列 Q，其中包含著所有離開 S 的邊。剛開始，S 包含唯一一個隨機頂點 u；然後，只要 S 沒有包含所有頂點，就從 Q 中取出一條權重最小的邊 (u, v)，滿足 $u \in S$ 且 $v \notin S$。頂點 u 被加入 S 中，Q 被更新。Prim 演算法的複雜度也是 $O(|E| \log |E|)$。

✏️ **Memo**

Chapter 11

集合

　　本章補充了序列的相關演算法。其實，動態規劃的觀念還能解決更多問題，就讓我們從兩個經典問題開始，即背包問題和找零問題。

11-1　背包問題

定義

給定 n 個權重為 $p_0, \cdots, p_{n-1}$ 的物件，其各自對應的值為 $v_0, \cdots, v_{n-1}$，另設一個整數 C 作為背包的容量。我們希望知道如何得到一個物件值總和最大的子集，同時權重和不超過 C。這是一個 NP 複雜問題。

關鍵測試

針對 $i \in \{0, \cdots, n\text{-}1\}$ 和 $c \in \{0, \cdots, C\}$，我們可得的最大值為 $\mathrm{Opt}[i][c]$，其中索引為 0 到 i 的物件權重和不超過 c（圖 11.1）。對於基本情況 $i = 0$，當 $p_0 > c$ 時，我們有 $\mathrm{Opt}[0][c] = 0$，否則 $\mathrm{Opt}[0][c] = v_1$。對於 i 取更大值，即 $i = 1, \cdots, n\text{-}1$ 的情況，當物件索引為 i 時，最多有兩種選擇：要嘛選擇它，要嘛不選擇它。在第一種情況下，容量會減少 p_i，因此有以下關係：

$$\mathrm{Opt}[i][c] = \max \begin{cases} \mathrm{Opt}[i-1][c-p] + v_i & \text{在 } c \geq c_i \text{ 時，取這個物件的情況} \\ \mathrm{Opt}[i-1][c] & \text{不取這個物件的情況} \end{cases}$$

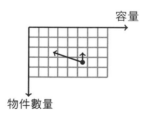

圖 11.1 一個 Opt 表的展示。計算每個格子最多需要之前兩個格子，其中包括一個位於正上方的格子。網格中的最長路徑是問題的一個特殊情況，3.1 節中有介紹

複雜度為 $O(nC)$ 的演算法

我們把有這種複雜度稱作**偽多項式複雜度**。動態規劃方法在維護矩陣 Opt 時，也要維護一個布林型矩陣 Sel。後者記錄下最終取得寫入 Opt 的值的那一個選擇。一旦這些矩陣依據上述遞迴方程被填滿，對元素進行一次反向巡訪，就能從 Sel 矩陣中找到取得最佳解的元素集合。

```python
def knapsack(p, v, cmax):
    n = len(p)
    Opt = [[0] * (cmax + 1) for _ in range(n + 1)]
    Sel = [[False] * (cmax + 1) for _ in range(n + 1)]
    #   -- 基本情況
    for cap in range(p[0], cmax + 1):
        Opt[0][cap] = v[0]
        Sel[0][cap] = True
    #   -- 歸納法
    for i in range(1, n):
        for cap in range(cmax + 1):
            if cap >= p[i] and Opt[i-1][cap - p[i]] + v[i] > \
              Opt[i-1][cap]:
                Opt[i][cap] = Opt[i-1][cap - p[i]] + v[i]
                Sel[i][cap] = True
            else:
                Opt[i][cap] = Opt[i-1][cap]
                Sel[i][cap] = False
    #   -- 輸出結果
    cap = cmax
    sol = []
    for i in range(n-1, -1, -1):
        if Sel[i][cap]:
            sol.append(i)
            cap -= p[i]
    return(Opt[n - 1][cmax], sol)
```

11-2 找零問題

現在，我們希望用面額為 $x_0, \cdots, x_{n-1}$ 分的硬幣或鈔票來獲取一個值 R。問題在於確定是否存在一個正值、線性組合 $x_0, \cdots, x_{n-1}$，其總和為 R。你或許會覺得可笑，但是緬甸就曾經使用面額為15、25、35、45、75和90緬元（kyat）的鈔票（圖11.2）。

為了解決問題，一個值 x_i 可被多次用來獲得一個總和值。

```
def coin_change(x, R):
    b=[False] * (R + 1)
    b[0]=True
    for xi in x:
        for s in range(xi, R + 1):
            b[s] |= b[s - xi]
    return b[R]
```

變形

如果存在一個解決方案，那我們就可以嘗試用最少數量的硬幣或鈔票解決問題。

測試

只需按照貨幣面額降序計算，並隨時確保後續選擇的面額不超過剩餘額度。

圖 11.2 一張45緬元的舊鈔票

　　在歐元貨幣系統中，我們可以實作一個最小數量的貨幣組合。但是，假如貨幣面額體系為 1、3、4 和 10，而我們希望得到總和為 6。這個貪婪演算法得到的最終結果是 3 個硬幣的 4+1+1，而不是最佳解 3+3 的組合。

複雜度為 $O(nR)$ 的演算法

　　假設貨幣面額是 $x_0, \cdots, x_{i-1}$，而需要的總額是 $0 \le m \le R$，則 A$[i][m]$ 是所需貨幣數量最少的最終方案；當沒有結果的時候，A$[i][m] = \infty$。我們可以衍生出一個與背包問題類似的遞迴關係：對於所有額度 m，當 x_0 能把 m 整除時，A$[0][m]$ 的值是 m/x_0，否則值是 ∞。當 $i = 1$, $\cdots$, $n-1$ 時，有以下關係：

$$A[i][m] = \max \begin{cases} A[i][m-x_i]+1 & \text{當 } m \ge x_i \text{ 時，選擇這個硬幣的情況} \\ A[i-1][m] & \text{不選擇這個硬幣的情況} \end{cases}$$

11-3　給定總和值的子集

輸入　　　　　　　　　　輸出

定義

給定 n 個正整數 $x_0, \cdots, x_{n-1}$，我們希望知道是否存在一個整數和，等於給定值 R 的子集。這是一個 NP 複雜問題。

複雜度為 $O(nR)$ 的演算法

維護一個布林型陣列，對於每個索引 i 和總和 $0 \le s \le R$，陣列代表是否存在一個由整數 $x_0, x_1, \cdots, x_i$ 組成的子集，其總和等於 s。

起初，對於一個空集合，這個陣列僅在索引等於 0 的位置是 true。然後，對於每個 $i \in \{0, \cdots, n-1\}$ 和所有 $s \in \{0, \cdots, R\}$，若且唯若存在一個總和為 s 或 $s-x_i$ 的子集 $x_0, \cdots, x_{i-1}$ 時，我們才能用整數 $x_0, \cdots, x_i$ 生成 一個總和為 s 的子集。

注意程式碼實作中，s 上的迴圈執行順序。

```python
def subset_sum(x, R):
    b=[False] * (R + 1)
    b[0]=True
    for xi in x:
        for s in range(R, xi - 1, -1):
            b[s] |= b[s - xi]
    return b[R]
```

複雜度為 $O(2^{\lceil n/2 \rceil})$ 的演算法

當 R 很大而 n 很小時，這個演算法會很有趣。我們把輸入 $X = \{x_0, \cdots, x_{n-1}\}$ 切分成兩個不相交的部分 A 和 B，兩部分最大為 $\lceil n/2 \rceil$。如果 S_A（S_B）是 A（B）每個子集元素的總和，我們建立一個集合 $Y = S_A$ 和集合 $Z = R - S_B$，兩者包含著 $R - v$ 數值對，其中 v 描述了 S_B。我們只需測試 Y 和 Z 是否有一個非空交集。

```python
def part_sum(x, i=0):
    if i == len(x):
        yield 0
    else:
        for s in part_sum(x, i + 1):
            yield s
            yield s + x[i]


def subset_sum(x, R):
    k = len(x) // 2                    # 切分輸入
    Y = [v for v in part_sum(x[:k])]
    Z = [R - v for v in part_sum(x[k:])]
    Y.sort()                           # 測試Y和Z的交集
    Z.sort()
    i = 0
    j = 0
    while i < len(Y) and j < len(Z):
        if Y[i] == Z[j]:
            return True
        elif Y[i] < Z[j]:              # 增大最小元素的索引
            i += 1
        else:
            j += 1
    return False
```

變形：拆分成兩個盡可能平衡的子集

給定 $x_0, \cdots, x_{n-1}$，需要生成 $S \subseteq \{0, \cdots, n-1\}$，使得 $\left| \sum_{i \in S} x_i - \sum_{i \notin S} x_i \right|$ 盡可能小。

演算法複雜度為 $O(n \sum x_i)$。如同處理部分總和一樣，然後在布林型陣列 b 中尋找一個索引 s，使得 $b[s]$ 為 true 且最接近 $\sum x_i / 2$。然後對於所有 $a = 0, 1, 2, \cdots$ 和 $d = +1, -1$，考慮 $b[\sum x_i / 2 + a \cdot d]$。

11-4 k個整數之和

定義

給定 n 個整數 $x_0, \cdots, x_{n-1}$，我們希望知道能否從中取出 k 個數，使其總和為 0。

應用

對於 $k=3$，這個問題在離散幾何中非常重要，很多經典問題都能化簡為求 3 個整數和的問題。例如，給定 n 個三角形，想知道它們能否完整覆蓋另一個給定三角形。或者給定 n 個點，想知道是否存在一條直線通過其中至少 3 個點。對於這類問題，存在一個複雜度為 $O(n^2)$ 的演算法，我們推測該方法是最佳的。當 k 值更大時，問題在密碼學中有著重要的應用價值。

複雜度為 $O(n^{k-1})$ 的演算法

首先測試 $k=2$ 的情況。只需測試是否存在 $i \neq j$ 且 $x_i = -x_j$。如果 x 是已排序的，使用一次雙向巡訪（如同合併兩個有序串列）就能解決問題（見 4.1 節）。否則，可以把輸入參數存入一個雜湊表，然後當 $-x_i$ 存在於表中時，在表中搜尋 x_i。

對於 $k=3$ 的情況，我們建議使用一個複雜度為 $O(n^2)$ 的演算法。從給 x 排序開始；然後對每個 x_j 只需測試串列 $x + x_j$ 和 $-x$ 是否擁有一個公共元素，因為這個元素的格式一定是 $x_i + x_j$ 和 $-x_k$，其中 $x_i + x_j + x_k = 0$。這個方法在 k 值更大時能夠進一步推廣，但性能不如以下這種演算法。

複雜度為 $O(n^{\lceil k/2 \rceil})$ 的演算法

透過求得 $\lfloor k/2 \rfloor$ 個輸入整數元素之和，我們建立一個給定整數的多重集合 A[註1]。同樣，透過求得 $\lceil k/2 \rceil$ 個輸入整數元素之和，建立一個多重集合 B。

現在，只需測試集合 A 和 R-B 是否有一個非空交集。為了實作這點，我們把 A 和 B 排序，然後像合併兩個有序串列一樣，在兩個串列上執行一次聯合巡訪。演算法複雜度是 $O(n^{\lceil k/2 \rceil})$。

實作細節

為避免多次取到同一個索引，我們在 A 和 B 中不僅儲存總和，也儲存由各個總和以及得到該總和的元素索引組成的數值對。因此，針對 A 和 B 中每個數值對，我們可以確定索引是否相交。

---

[1]　[譯者註] 在多重集合中，同一個元素可以出現多次。

Memo

Chapter 12

點和多邊形

　　幾何問題的核心元素是點。點表示空間中的一個位置。本章介紹了很多與圖上點相關的經典問題。

　　很自然的，我們會用座標值對來表示點。另一個重要的基本操作就是測試方向（圖12.1）。給定三個點 a、b 和 c，我們希望知道這三個點是否排在一條直線上，或者是否有一條 $a \rightarrow b \rightarrow c$ 的前進路線，實作左轉或右轉。

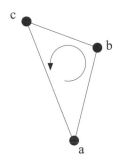

圖 12.1　輸入測試方法left_turn(a,b,c) 會返回true

```
def left_turn(a, b, c):
    return(a[0] - c[0]) * (b[1] - c[1]) - (a[1] - c[1]) * (b[0]
- c[0]) > 0
```

　　當點座標不是整數時，我們建議為了避免捨入誤差，不要與0比較，而是與一個誤差臨界值進行比較，如 10^{-7}。

12-1　凸包問題

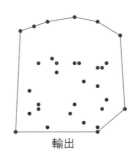

輸入　　　　　　　　　輸出

定義

給定一個有 n 個點的集合，希望基於這些點的一個子集建立一個凸多邊形，把剩餘的點包含在多邊形內。問題的解也是包含所有點且周長最小的多邊形。

複雜度的下限

通常情況下，不可能在時間 $o(n\log n)$ 內解決凸包問題[1]。為了證明這點，我們設一個有 n 個數字的序列 $a_1, \cdots, a_n$。點 $(a_1, a_1^2), \cdots, (a_n, a_n^2)$ 的凸包計算的返回順序與數字 $a_1, \cdots, a_n$ 的排序相關。因此，如果我們能在 $o(n\log n)$ 次操作內計算完畢，就會得到一個有同樣複雜度的排序演算法。

複雜度為 $O(n\log n)$ 的演算法

解決這個問題一般採用 Graham 掃描演算法。但我們要介紹一個變形——Andrew 演算法，它不會圍繞著一個參考點去計算其周圍點的角

1　這裡是朗道運算式的小寫 o。

度，而是計算它們的 x 座標。這個演算法的好處在於不需要進行角度計算。角度計算經常帶來精度誤差。

我們僅介紹如何獲取凸包的上部分。集合中的點會按照其 x 座標升序來巡訪，在一個top中，我們維護已被處理過的凸包的點。把每個新的點 p 加入top；當倒數第二個點進入top使序列不再是凸多邊形的時候，該點就會被移除。

實作細節

凸包的下部分bot使用相同方式來獲取。結果是把top串列反轉，獲得正確的凸包點順序，即得到逆時針排序後的兩個串列的拼接。注意，兩個串列的第一個元素和最後一個元素相同，所以拼接結果中會出現重複，因此去掉一個多餘的點非常重要。

為了簡化程式碼，我們僅在刪除了令序列不能形成凸多邊形的元素後，再將點 p 添加入串列top和bot。

```python
def andrew(S):
    S.sort()
    top  =  []
    bot  =  []
    for p in S:
        while len(top) >=  2 and not left_turn(p, top[-1], \
            top[-2]):
            top.pop()
        top.append(p)
        while len(bot) >=  2 and not left_turn(bot[-2], \
            bot[-1], p):
            bot.pop()
        bot.append(p)
    return bot[:-1] + top[:0:-1]
```

12-2　多邊形的測量

給定一個簡單多邊形 p[註1]，格式為 n 個順序正常[註2]的點的串列形式，我們可以執行多個測量（圖 12.2）。

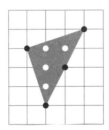

圖12.2　邊緣上點（黑色）的數量是4，內部整數座標點（白色）也是4個，多邊形面積是4+4/2-1=5

在線性時間內計算面積

我們可以使用以下公式計算 A 的面積：

$$A = \frac{1}{2} \sum_{i=0}^{n-1} \left(x_i y_{i-1} - x_{i+1} y_i \right)$$

其中索引 $i+1$ 被除以 n 取模。第 i 個元素代表了三角形 $(0, p_i, p_{i+1})$ 帶符號的面積，符號由三角形的方向決定。每個元素歸結為計算少一個點的多邊形面積。因此，多邊形面積表示為三角形面積的加和減的序列。

```
def area(p):
    A=0
    for i in range(len(p)):
        A += p[i-1][0] * p[i][1]-p[i][0] * p[i-1][1]
    return A / 2.
```

---

[1]　當多邊形的各個部分不相交時被稱作簡單多邊形。

[2]　正常順序即是逆時針方向。

計算邊緣整數點的數量

為了簡化，我們假設多邊形所有點的座標都是整數。這樣一來，針對每個 p 的分段 $[a, b]$，透過匯總在 a 和 b 之間點的數量來確定解。為了不重複計算，匯總不包括 a。如果 x 是 a 和 b 橫座標差的絕對值，y 是縱座標差的絕對值，則點的數量是：

$$\begin{cases} y & \text{如果 } x = 0 \\ x & \text{如果 } y = 0 \\ x \text{ 和 } y \text{ 的最大公因數} & \text{否則} \end{cases}$$

計算內部整數點的數量

這個數量透過 Pick 定理獲得，它與多邊形的面積 A、內部整數點的數量 n_i 和邊緣點的數量 n_b 有關，它們的關係由以下公式定義：

$$A = n_i + \frac{n_b}{2} - 1$$

12-3　最近點對

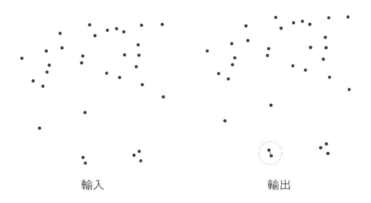

輸入　　　　　　　　　　　　輸出

應用

　　宿營區隨機擺放了很多帳篷。每個帳篷裡都住著一個宿營者，拿著收音機。我們希望為所有宿營者限定一個音量值，好讓任何人都不會被鄰居的音樂聲打擾。

定義

　　給定 n 個點 $p_1, \cdots, p_n$，確定一個點對 (p_i, p_j)，使得 p_i 和 p_j 之間的歐氏距離最短。

線性時間複雜度的隨機演算法

　　這個經典問題有好幾個複雜度為 $O(n\log n)$ 的演算法，使用的都是掃描法或分治法。我們下面介紹一個線性時間複雜度的隨機演算法，也就是說，期望計算時間是線性的。根據我們的經驗，其效率只是略微優於掃描演算法，但實作上更加簡單。

　　構思是在任何情況下，我們已經找到了一個距離為 d 的點對，希望知道是否存在另一個距離更近的點對。為此，我們把空間在兩個方向上分成寬度為 $d/2$ 的網格。因此，每個點都屬於網格中的一個格子。設已確定點對之間距離至少是 d 的所有點的集合為 P，那麼每個格子最多包含一個 P 中的點。

　　網格由一個字典 G 表示，把每個格子及其包含的 P 中的點關聯起來。當把 P 中的一個點 p 添加到 G 中時，只需測試點 p 與最近的 5×5 網格中點 q 的距離（圖 12.3）。當發現一個點對的距離為 $d' < d$ 時，我們把網格寬度設置為 $d'/2$，然後從頭開始上述流程。

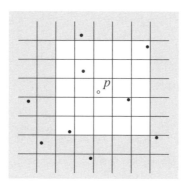

圖 12.3 每個網格中的格子最多包含一個點。當考慮一個新的點 p 時，只需測量它與周圍（白色）格子中點的距離即可

複雜度

　　假設存取 G 的時間都是常數，那麼計算包含給定點的格子的時間也是常數。關鍵論據是，假如給定輸入的所有點都能按照統一的隨機順序來處理，那麼在處理第 i 個點時（$3 \leq i \leq n$），最佳化距離 d 的概率是 $1/(i-1)$。所以，期望複雜度數量級是 $\sum_{i=3}^{n} i/(i-1)$，與 n 呈線性關係。

實作細節

　　為了在給定寬度的網格中計算與點 (x, y) 關聯的格子，只需把各個座

標除以寬度，然後取整即可。特別要注意負值座標，因為在 Python 和
其他語言中，如 $\lfloor k/2 \rfloor$ 的取整結果是 0，而不是我們想要的 -1。

　　最終，選擇網格寬度為 $d/2$ 而不是 d，確保每個格子中只有一個元
素，以方便處理。

```python
from math import hypot    # hypot(dx, dy) = sqrt(dx * dx+dy * dy)
from random import shuffle

def dist(p, q):
    return hypot(p[0]-q[0], p[1]-q[1])

def floor(x, pas):
    return int(x / pas)-int(x < 0)

def cell(point, pas): x, y = point
    return(floor(x, pas), floor(y, pas))

def ameliore(S, d):
    G = {}               # 網格
    for p in S:
        (a, b) = cell(p, d / 2.)
        for a1 in range(a-2, a+3):
            for b1 in range(b-2, b+3):
                if(a1, b1) in G:
                    q = G[a1, b1]
                    pq = dist(p, q)
                    if pq < d:
                        return(pq, p, q)
        G[a, b] = p
    return None

def closest_points(S):
    shuffle(S)
    assert len(S) > =  2
    p = S[0]
    q = S[1]
    d = dist(p, q)
    while d > 0:
        r = ameliore(S, d)
        if r:
```

```
            (d, p, q)=r
    else:
            break
    return(p, q)
```

12-4　簡單直線多邊形

定義

當一個多邊形的所有邊，在水平方向和垂直方向交替切換時，它被稱作**直線多邊形**。當其所有邊都不交叉時，它就是簡單的。目的是測試一個給定的直線多邊形是否簡單。

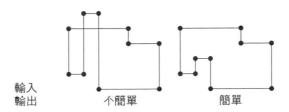

輸入
輸出　　　　　不簡單　　　　　簡單

測試

如果一個多邊形是直線的，那麼每個點的之前和之後，都有一個與它水平和垂直的邊。因此，多邊形的點之間可以是左右和上下關係，一個簡單的相鄰測試足以完成標註（圖12.4）[1]。

左上角
　　　右下角
左下角

圖 12.4　直線多邊形中點的類型

---

[1] [譯者註] 每條邊都是水平、垂直切換，所以兩條邊一定會以90°角相交於一個點。這個點可類比一個正四邊形的4個角點，圖12.4中就用左上、左下、右上、右下來對直線多邊形中的點進行分類。

複雜度為 $O(n\log n)$ 的演算法

演算法透過掃描實作。按照座標的字典序掃描多邊形中的點，並維護一個還沒有存取其右側點的左側點集合S。對於每個點，S剛開始是空值，我們執行以下的操作：

— 如果 (x, y) 與最後一個被處理的點相同，那麼在多邊形的點之間存在重疊。

— 如果 (x, y) 是左側點，檢查確認 y 尚未存在於 S 中：這意味著我們已經存取過同一縱座標上且正在向右轉的點，因此這兩個橫向元素是重疊的。

— 如果 (x, y) 是右側點，那麼 y 必須存在於 S 中，因為其左側鄰點已被存取過。這時，我們把 y 從 S 中剔除。

— 如果 (x, y) 是下方點，什麼都不做。

— 如果 (x, y) 是上方點，那麼設其下方鄰點為 (x, y')。如果這不是剛剛被處理過的點，則說明線段 (x, y')-(x, y) 和另一條垂直線段是重疊的；否則，我們檢查 S，搜尋滿足 $y' < y'' < y$ 的值 y''。這說明一條縱座標為 y'' 的水平線段和當前垂直線段 (x, y')-(x, y) 交叉，因此多邊形就不是簡單的。

複雜度

為了獲得一個合理的複雜度，在S上執行的操作要足夠高效率，例如：

— 向 S 中添加和移除元素；

— 檢查 S 是否包含一個給定區間 $[a, b]$ 內的元素。

如果我們用一個陣列 t 來表示 S，使得當 $y \in S$ 時 $t[y] = -1$，否則 $t[y] = 0$，那麼確定在 S 中是否存在一個區間 $[a, b]$ 的操作就變成在 $t[a]$

和 $t[b]$ 之間的區間中尋找 -1。因此，我們用一棵線段樹來表示 t（見 4.5 節），進而讓查詢一個區間中最小值和更新陣列 t 的操作能在對數時間內實作，確保演算法複雜度是 $O(n\log n)$。

實作細節

比起處理沒有上下限的點的縱座標，我們更關心點的次序。設所有滿足 $k \leq n/2$ 的點的不重複縱座標的串列為 $y_0 < \cdots < y_k$，於是若且唯若 $t[i] = -1$ 時，有 $y_i \in S$。為了確定 S 在區間 $[y_i, y_k]$ 中包含一個元素 y_j，只需確定 t 在 $t[i+1]$ 和 $t[k-1]$ 之間的最小值是 -1。

```python
def is_simple(polygon):
    n = len(polygon)
    order = list(range(n))
    order.sort(key=lambda i: polygon[i])      # 字典序
    rank_to_y - list(set(p[1] for p in polygon))
    rank_to_y.sort()
    y_to_rank = {rank_to_y[i]: i for i in range(len(rank_to_y))}
    S = RangeMinQuery([0] * len(rank_to_y))   # 掃描結構
    for i in order:
        x, y = polygon[i]
        rank = y_to_rank[y]
        #        -- 點的類型
        right_x = max(polygon[i-1][0], polygon[(i+1) % n][0])
        left = x < right_x
        below_y = min(polygon[i-1][1], polygon[(i+1) % n][1])
        high = y > below_y
        if left:                              # S 中不能有 y
            if S[rank]:
                return False                  # 兩條水平線段相交
            S[rank] = -1                      # 把 y 添加入 S
        else:
            S[rank] = 0                       # 從 S 中刪除
        if high:
            lo = y_to_rank[below_y]           # 確認S在lo+1和rank-1之間
            if(below_y ! = last_y or last_y = = y or
                rank-lo > = 2 and S.range_min(lo+1, rank)):
                return False                  # 垂直和水平線段交叉
```

```
        last_y = y                              # 記錄下來，準備下一次迭代
    return True
```

Chapter 13

長方形

很多處理幾何圖形的問題與長方形有關,例如房屋藍圖或電腦螢幕的顯示。長方形有時是直線多邊形,即邊和軸平行,這讓處理變得容易。幾何學中一個重要的演算法技巧是掃描,這在13.5節中會介紹。

13-1　組成長方形

定義

給定圖上 n 個點的集合 S，我們希望確定 S 中有 4 個角點的所有長方形。這些長方形不一定是直線多邊形。

演算法複雜度為 $O(n^2+m)$

其中 m 是解的數量。關鍵測試要看兩對對角點的簽名是否一致。簽名由中心以及點與點之間的距離組成。為測試簽名是否一致，只需在一個字典中儲存擁有相同鍵 (c,d) 的所有點對 p 和 q，其中 $c=(p+q)/2$ 是 p 和 q 的中心點，$d=|q-p|$ 是兩點間距離。擁有相同簽名的點對就是組成 S 中正方形的點（圖 13.1）。

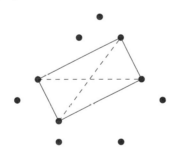

圖 13.1 對角點對的相同簽名，對角線從中被切開，從中間到各點距離相等

實作細節

為了讓演算法的性能更好並只處理整數，在計算 c 時，除以 2 的操作被忽略，在計算 d 時，根被省略[註1]。

---

1 [譯者註] 在計算兩點間距時需要開平方根，因為 c 和 d 只作為簽名使用而並不需要算出實際距離，因此不需要開平方。

```python
def rectangles_from_points(S):
    answ = 0
    pairs = {}
    for j in range(len(S)):
        for i in range(j):
            px, py = S[i]
            qx, qy = S[j]
            center = (px + qx, py + qy)
            dist = (px - qx) * (px - qx) + (py - qy) * (py - qy)
            sign = (center, dist)
            if sign in pairs:
                answ += len(pairs[sign])
                pairs[sign].append((i, j))
            else:
                pairs[sign] = [(i, j)]
    return answ
```

13-2 網格中的最大正方形

定義

給定一個格式為 $n \times m$ 的點陣黑白圖像，我們希望確定其中最大的純黑色方塊（圖 13.2）。

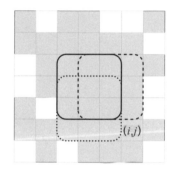

圖 13.2 一個面積為 k 的最大黑色色塊，其右下角點 (i,j) 包含三個大小為 k-1 且右下角點為 $(i,j$-1$)$、$(i$-1$,j$-1$)$ 和 $(i$-1$,j)$ 的正方形黑色色塊

線性時間複雜度的演算法

這個問題可以簡單使用動態規劃演算法解決。假設所有列被從上到下編號，所有行被從左到右編號。一個方塊的右下角點為 (i,j)，就稱其「結束於 (i,j)」。如果這個方塊的邊長為 k，那麼它由格子 (i',j') 組成，並有 i-k<$i' \leq i$ 且 j-k<$j' \leq j$。

對於網格的每個格子 (i,j)，我們尋找最大整數 k，使得邊長為 k 且結束於 (i,j) 的正方形為純黑色。將該值記作 A$[i,j]$。如果格子 (i,j) 是白色的，那麼 A$[i,j]$=0，說明這個正方形不存在。

　　所有邊長為 k 的純黑色正方形包含 4 個邊長為 k-1 的正方形。因此，若且唯若 $A[i$-$1,j]$、$A[i$-$1,j$-$1]$ 和 $A[i,j$-$1]$ 都至少等於 k-1，且有 $k \geq 1$ 時，$A[i,j]=k$。由此可得以下遞迴公式：

$$A[i,j] \begin{cases} 0 & \text{如果單元格（i，j）是白色的} \\ 1+\min\left\{A[i-1,j],A[i-1j-1],A[i,j-1]\right\} & \text{否則} \end{cases}$$

13-3　長條圖中的最大長方形

定義

　　給定一個長條圖，其格式是由正整數或空值 $x_0, \cdots, x_{n-1}$ 組成的陣列。目標是在這個長條圖中找到一個面積最大的長方形。也就是說，找到一個區間 $[l, r]$，使得面積 $(r-l) \times h$ 最大且 $h = \min_{l \le i < r} x_i$。

應用

　　在大西洋底鋪設著連接了歐洲和美洲的通信電纜。這些電纜的技術特性會因海水和溫度的變化而隨時間改變。因此，在任何時候都會有一個隨時間變化的最大傳輸速率。在信號傳輸過程中可以改變傳輸速率，但在終端之間變化傳輸速率會影響期間的所有通信。假設我們在一天中每 60×24 分鐘提前知道了最大通信速率。現在，我們希望找到一個時間區間和一個速率，以便傳輸最大量資訊又不會斷開連接。問題歸結為在一個長條圖中找到一個最大面積長方形的問題。

線性時間複雜度的演算法

　　這是一個掃描演算法。對於每個陣列的前綴 $x_0, \cdots, x_{i-1}$，維護一個長方形集合，而我們尚未確定長方形的右側邊。這些長方形透過一個整數對 (l, h) 定義，其中 l 是左邊界，h 是高度。那麼，我們只需考慮其中最大的長方形，這樣一來，h 就是 $x_l, x_{l+1}, \cdots, x_{i-1}$ 中最大的，且在 $x_{l-1} < h$ 時有 $l = 0$。因此，這個長方形無法在不超出長條圖的情況下向左或向上變大。我們把整數對儲存到一個按照 h 排序的堆疊中。有意思的是，這些整數對同樣也按照 l 排序。

現在，對於每個值 x_i，我們可能已經找到了某些長方形的右側邊。當 $h > x_i$ 時，在堆疊上以 (l, h) 編碼的所有長方形也是這種情況。這樣一個長方形的寬度是 $i - l$。但 x_i 的值同樣會新建一個新整數對 (l', x_i)。左側邊 l' 要嘛是最後一個取出堆疊的長方形 l 值，要嘛是沒有做取出堆疊操作，$l' = i$（圖 13.3）。

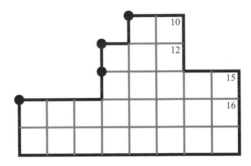

圖 13.3 當長條圖數字增長時，拐點就會堆疊起來；當長條圖數字減少時，需要讓過高的那些角點取出堆疊。測試所有可能的長方形，再把最後一個取出堆疊的角點補到更低的高度

```
def rectangles_from_histogram(H):
    best = (float('-inf'), 0, 0, 0)
    S = []
    H2 = H + [float('-inf')]        # 用額外的元素清空堆疊
    for right in range(len(H2)):
        x = H2[right]
        left = right
        while len(S) > 0 and S[-1][1] >= x:
            left, height = S.pop()
            #    ( 面積 ， 左側 ， 高度 ， 右側 )
            rect = (height * (right - left), left, height, \
                right)
            if rect > best:
                best = rect
        S.append((left, x))
    return best
```

13-4　網格中的最大長方形

🧬 應用

給定一塊佈滿了樹的建築工地，我們希望找到一塊面積最大的長方形地塊來建房子，同時不需要砍樹。

🧬 定義

給定一個格式為 $n \times m$ 的圖元點陣黑白圖片，我們希望確定其中最大的純黑色長方形。這裡的長方形是一段相交成行的網格和一段成列的網格（圖 13.4）。

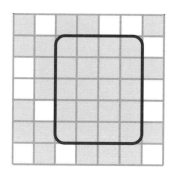

圖 13.4　網格中面積最大的黑色長方形

🧬 線性時間複雜度的演算法

解決方案是把問題簡化為搜尋一個長條圖中的最大長方形問題。對於每列 i，尋找底部位於 i 列的最大長方形。因此，我們維護一個陣列 t，它給每個行 j 一個最大數量 k，使得位於 (i, j) 和 $(i, j-k+1)$ 之間所有圖元點都是黑色。因此，t 定義了一個長條圖，我們在其中尋找最大的長方形。陣列 t 根據每一行的像素顏色逐一更新。

```
def rectangles_from_grid(P, noir=1):
    rows = len(P)
    cols = len(P[0])
    t = [0] * cols best = None
    for i in range(rows):
        for j in range(cols):
            if P[i][j] == noir:
                t[j] += 1
            else:
                t[j] = 0
        (area, left, height, right) = rectangles_from_ \
            histogram(t)
        alt = (area, left, i, right, i-height)
        if best is None or alt > best:
            best = alt
    return best
```

13-5 合併長方形

定義

給定 n 個直線長方形,我們希望計算其聯集的面積。使用同樣的技術,我們可以計算其邊長和連通區域的數量。

複雜度為 $O(n^4)$ 的演算法

無論何種演算法,都要測試所有長方形的邊緣在每個軸上是否最多有 $2n$ 個點。這些點形成一個網格,由 $O(n^2)$ 個格子組成。這些格子要嘛完全被一個長方形覆蓋,要嘛與所有長方形分離(圖13.5)。第一個簡單方案是確定一個布林型陣列,說明每個格子是否是長方形聯集的一部分。只需計算格子的總面積就能知道聯集的面積。處理每個長方形的工作時間是 $O(n^2)$,演算法的整體複雜度為 $O(n^4)$。

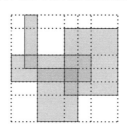

圖 13.5　網格有 $O(n)$ 行和 $O(n)$ 列,每個格子要嘛在長方形的聯集中,要嘛與之分離

複雜度為 $O(n^2)$ 的掃描演算法

我們用一條水平線從上到下掃描所有長方形。長方形的左側邊和右側邊把橫軸分割為 $O(n)$ 個區間。在所有情況下,我們維護一個布林型陣列,它代表著每個區間被幾個長方形覆蓋。對至少被一個長方形覆

蓋的區間長度求和，我們可以確定掃描線與長方形聯集的重疊長度。當我們把掃描線向下移動 Δ 單位時，只需把重疊長度乘以 Δ，並將其記入一個聯集面積總數的變數中。

掃描線沿著變化事件一點點地前進。一個變化事件表示一個長方形的頂邊或底邊。處理一個頂邊會增加長方形覆蓋區間的計數器，而處理一個相關底邊會減少計數器。這部分需要的時間成本是 $O(n)$，演算法的整體複雜度即為 $O(n^2)$。

複雜度為 $O(n\log n)$ 的演算法

這裡使用的資料結構——線段樹，與在查詢索引範圍內最小值問題中使用的資料結構類似（見4.5節）。該資料結構被兩個大小為 $2n-1$ 的陣列 L 和 t 初始化。構思是長方形的橫座標把橫座標軸分割了很多段。第 i 條線段的長度是 $L[i]$。在從左往右掃描時，我們希望為每個分段維護包含該線段的長方形數量。這個資訊被儲存在陣列 t 中。

資料結構可執行以下操作：

— change(i,k,d) 方法將值 d 添加到輸入 $t[j]$ 中，且 $i \leq j < k$；

— cover() 方法返回在索引 j 上的總和 $\sum L[j]$，其中 $t[j] \neq 0$。

change操作在掃描遇到一個長方形的定邊 $(d=1)$ 或底邊 $(d=-1)$ 時被呼叫。cover 方法用於確定掃描線和長方形的重合線段長度。掃描線每次下降時，這個資訊與掃描線的垂直移動距離相乘，我們可以藉此確定長方形聯集的面積。

資料結構由一棵二元樹組成，其每個節點 p 負責陣列 t 中（也是 L 中）的一個索引區間 I。二元樹有三個屬性：

— 當 $j \in$ I 時，$l[p]$ 是 $L[j]$ 的總和；

— 當 $j \in$ I 時，$c[p]$ 是被加入所有 $t[j]$ 的一個數；

— 當 $j \in$ I 且 $t[j] \neq 0$ 時，$s[p]$ 是 $L[j]$ 的總和。

　　樹的根是 1 號節點，cover() 的結果被存在 $s[1]$ 中。陣列 t 隱式地儲存在屬性 c 中。從索引 j 相關節點到根節點的路徑上所有節點 p 的 $c[p]$ 值之和為 $t[j]$。與最小區間查詢（minimum range query）結構一樣，其更新需要呈對數的時間複雜度。

```python
class Cover_query:
    def __init__(self, _len):
        assert _len != []                    # 我們假設 _len 是排好序的
        self.N = 1
        while self.N < len(_len):
            self.N *= 2
        self.c = [0] * (2 * self.N)                   # --- 覆蓋
        self.s = [0] * (2 * self.N)                   # --- 總和
        self.w = [0] * (2 * self.N)                   # --- 長度
        for i in range(len(_len)):
            self.w[self.N + i] = _len[i]
        for p in range(self.N - 1, 0, -1):
            self.w[p] = self.w[2 * p] + self.w[2 * p + 1]

    def cover(self):
        return self.s[1]

    def change(self, i, k, delta):
        self._change(1, 0, self.N, i, k, delta)

    def _change(self, p, start, span, i, k, delta):
        if start + span <= i or k <= start:          # --- 分離
            return
        if i <= start and start + span <= k:         # --- 包含
            self.c[p] += delta
        else:
            self._change(2*p, start, span // 2, i, k, delta)
            self._change(2*p + 1, start + span // 2, span // 2, \
                i, k, delta)
        if self.c[p] == 0:
            if p >= self.N:                          # --- 葉子節點
                self.s[p] = 0
            else:
                self.s[p] = self.s[2 * p] + self.s[2 * p + 1]
        else:
            self.s[p] = self.w[p]
```

演算法的複雜度 $\mathrm{O}(n \log n)$ 由橫座標和縱座標的排序證明。

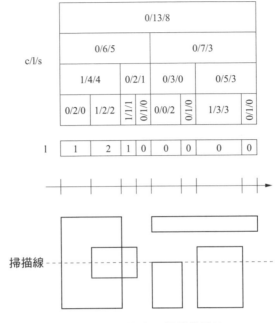

圖 13.6　資料結構和掃描的圖示

```
def union_rectangles(R):
    if R == []:
        return 0
    X = []
    Y = []
    for j in range(len(R)):
        (x1, y1, x2, y2) = R[j]
        assert x1 <= x2 and y1 <= y2
        X.append(x1)
        X.append(x2)
        Y.append((y1, +1, j))     # 生成事件
        Y.append((y2, -1, j))
    X.sort()
    Y.sort()
    X2i = {X[i]: i for i in range(len(X))}
    _len = [X[i + 1] - X[i] for i in range(len(X) - 1)]
    C = Cover_query(_len)
    area = 0
```

```
last = 0
for(y, delta, j) in Y:
    area += (y - last) * C.cover()
    last = y
    (x1, y1, x2, y2) = R[j]
    i = X2i[x1]
    k = X2i[x2]
    C.change(i, k, delta)
return area
```

13-6 不相交長方形的合併

定義

給定 n 個不相交的直線長方形，我們希望確定所有鄰接的長方形對。

應用

演算法可以被用於計算聯集的邊長，實作方法是從長方形總邊長中去除鄰接長方形的接觸邊長。這個長度值必須帶有一個係數2，因為去除一段接觸邊長也就是去除每個長方形的一段邊長。另一個應用是確定鄰接長方形的連通分量（圖13.7）。

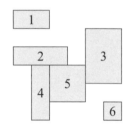

圖 13.7　確定長方形(2,4)、(2,5)、(3,5)和(4,5)之間的鄰接關係

複雜度為 $O(n\log n)$ 的掃描演算法

我們首先介紹如何利用長方形的左、右邊來確定鄰接長方形。上下鄰接的情況也是一樣的。首先用 n 個長方形中每個長方形的4個角點建立一個事件串列。每個事件是一個多元組 (x, y, i, c)，其中 (x, y) 是第 i 個長方形角點 c 的座標，c 對於右下、右上、左下和左上的取值分別為 0、1、2、3。然後，所有事件按照字典序來處理，藉此在一個行中從

下往上、從左到右地掃描長方形的各個角點。當角點相同時,先處理在長方形頂邊上的角點。

然後,我們只需維護一個已處理過底邊角點,但還沒有處理頂邊角點的長方形串列[1]。由於長方形彼此不相交,這個串列中最多有兩個長方形,一個位於左行,一個位於右行。一個底邊角點將一個長方形加入這個串列,而一個頂邊角點則將其移除。最終,若且唯若兩個長方形同時出現在串列中時,它們才是鄰接的。

變形

如果在問題描述中,我們僅將共用一個角點而非一段鄰邊重合的長方形定義為鄰接,那麼我們需要改變處理事件的優先順序,在處理兩個相同的角點時優先處理底邊角點,然後再處理頂邊角點[2]。

---

[1] [譯者註] 因為是從下往上掃描。

[2] [譯者註] 因為是從下往上掃描,先處理底邊角點,後處理頂邊角點。於是,前面的長方形就不會因為頂邊被處理而從串列中被移除。

Memo

Chapter 14

計算

　　很多問題都能透過快速計算解決，例如質數的二項式係數問題。本章將一些高效率的實作方法例如算術、運算式求值、線性系統求解等經典整數問題，進行了簡單的歸類。

14-1 最大公因數

定義

給定兩個整數 a 和 b，我們尋找最大整數 p，使得 a 和 b 都可以表示為 p 的倍數，p 即為兩個數的最大公因數。

最大公因數的計算可以使用遞迴方式快速實作。這裡有一個記憶小技巧：從第二次迭代開始，我們讓第二個參數總是比第一個參數小，即 $a \bmod b < b$。

```
def pgcd(a, b)
    return a if b == 0 else pgcd(b, a%b)
```

14-2 貝祖等式

定義

對於兩個整數 a 和 b，我們希望確定兩個整數 u 和 v，使得在 d 是 a 和 b 最大公因數的情況下有 $au+bv=d$。

這個計算基於一個簡單結論。如果 $a=qb+r$、$au+bv=d$ 與 $(qb+r)u+bv=d$ 相關，對於 $bu'+rv'=d$ 有：

$$\begin{cases} u'=qu+v \\ v'=u \end{cases} \Leftrightarrow \begin{cases} u=v' \\ v=u'-qv' \end{cases}$$

這個計算可以在 $O(\log a + \log b)$ 個步驟後結束。其實，第一個參數每兩步會減少一半。

變形

有些問題更關心大數字的計算，因此需要返回一個大數除以一個大質數 p 的餘數來確定結果是否成立。由於 p 是質數，我們可以把它除以一個非 p 倍數的整數 a：a 和 p 互質，所以其貝祖係數滿足 $au+pu=1$；因此 au 的值是 1 除以 p 求餘，而 u 是 a 的倒數，所以 p 除以 a 也就是乘以 u。

```python
def bezout(a, b):
    if b == 0:
        return(1, 0)
    else:
        u, v = bezout(b, a % b)
        return(v, u - (a // b) * v)

def inv(a, p):
    return bezout(a, p)[0] % p
```

14-3 二項式係數

計算 $\begin{pmatrix} n \\ k \end{pmatrix}$ 時，分別計算 $n(n-1),\cdots,(n-k+1)$ 和 $k!$ 是有風險的，因為可能會發生容量越界的情況。我們更傾向於使用以下結論：i 個連續整數的乘積一定包含一個能被 i 整除的元素。

```python
def binom(n, k):
    prod = 1
    for i in range(k):
        prod = (prod * (n - i)) // (i + 1)
    return prod
```

在大多數問題中，計算二項式係數都需要除以一個質數 p。基於貝祖等式對係數的計算，程式碼如下，複雜度為 $O(k(\log k + \log p))$。

```python
def binom_modulo(n, k, p):
    prod = 1
    for i in range(k):
        prod = (prod * (n - i) * inv(i + 1, p)) % p
    return prod
```

一個替代方案是使用動態規劃來計算帕斯卡三角形。當 (n,k) 數對非常多時，這種方案在計算 $\begin{pmatrix} n \\ k \end{pmatrix}$ 時很有意義。

14-4 快速求冪

定義

給定 a 和 b，我們希望計算 a^b。重申一次，由於結果數值可能很大，通常會要求把算式的結果除以給定整數 q 並求餘，但這不會改變問題的本質。

複雜度為 $O(\log b)$ 的演算法

簡單解法會把 a 相乘 b-1 次。但我們可以利用關係 $a^{2^k} \cdot a^{2^k} = a^{2^{k+1}}$ 來快速計算形式為 $a^1, a^2, a^4, a^8, \cdots$ 的 a 的次方。一個技巧就是把冪次 b 用二進制拆分，例如：

$$a^{13} = a^{8+4+1}$$
$$= a^8 \cdot a^4 \cdot a^1$$

為了完成計算，只需生成 a 的 $O(\log_2 b)$ 次方（註）。

```python
def fast_exponentiation(a, b, q):
    assert a >= 0 and b >= 0 and q >= 1
    p = 0                        # 只用於記錄
    p2 = 1                       # 2 ^ p
    ap2 = a % q                  # a ^ (2 ^ p)
    result = 1
    while b > 0:
        if p2 & b > 0:           # b 由 a^(2^p) 拆分而來
            b -= p2
            result = (result * ap2) % q
        p += 1
        p2 *= 2
```

---

[1] [譯者註] 這裡只需計算二進制拆分後的最高次方。因為在二進制拆分的過程中，計算最高次方時已計算過所有比它小的次方，以便使用動態規劃演算法，利用已算好的結果。

```
        ap2 = (ap2 * ap2) % q
    return result
```

變形

　　這個技巧也可以用於矩陣乘法。設一個矩陣 A 和一個正整數 b，快速求冪演算法能在 $O(\log b)$ 次矩陣乘法運算內計算 A^b。

14-5 質數

對於給定 n，我們尋找所有小於 n 的質數。「艾拉托斯特尼篩法」是實作目標的最簡便方式。我們從一個所有小於 n 的整數串列開始：首先劃掉 0 和 1；然後，對於每個 $p = 2, 3, 4, \cdots, n-1$，如果 p 沒有被劃掉，那麼它就是質數；在這種情況下，我們把 p 的所有倍數都劃掉。整個過程的複雜度分析起來很繁瑣，其值是 $O(n \log \log n)$。

實作細節

下面提供的實作方法透過劃掉 0、1 以及所有 2 的倍數來節省時間。在這種情況下，在對 p 進行迭代時的步長應當是 2，進而只測試所有奇數。

```python
def eratosthene(n):
    P = [True] * n
    answ = [2]
    for i in range(3, n, 2):
        if P[i]:
            answ.append(i)
            for j in range(2 * i, n, i):
                P[j] = False
    return answ
```

14-6 計算算術運算式

定義

給定一個遵循固定語法規則的運算式，我們希望建立語法樹或者計算出該運算式的值（圖14.1）。

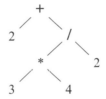

圖 14.1 運算式 2+(3×4) / 2 相關的樹

方法

一般來說，問題的解決方式是透過掃描器或分詞器，把包含運算式的字串分割為詞彙單元流。然後根據詞彙單元，使用解析器來按照語法規則建立語法樹。

但是，如果語法和算術運算式的語法類似，我們可以使用更容易實作的兩個堆疊方法：一個堆疊保存值，另一個堆疊保存運算子。遇到一個數值，就將其原樣存入保存值的堆疊。對於遇到的運算子 p，在把它加入運算子堆疊之前，需要執行以下操作：當運算子堆疊頂 q 的優先順序至少和 p 相等時，我們把 q 取出堆疊，最後兩個值 a 和 b 也取出堆疊，然後再把運算式 a q b（ a 與 b 進行 q 運算的結果）的值加入數值堆疊。

使用同樣的方式，運算子的求值被延期處理，直到優先順序規則強制要求求值（圖14.2）。

讀取	數值堆疊	運算子堆疊
2	2	$\varnothing$
+	2	+
3	2,3	+
*	2,3	+,*
4	2,3,4	+,*
/	2,12	+
	2,12	+,/
2	2,12,2	+,/
;	2,6	+
	8	$\varnothing$

圖 14.2 處理運算式 2+3×4/2 的例子，使用「;」作為運算式結束字元

試算表的例子

考慮一個試算表，其每個格子可以保存一個值或一個算術運算式。算術運算式可以由常數值和格子的識別字組成，並由運算符號－、＋、*、/和括弧連接起來。

我們可以用一個整數、一個字串或者由兩個運算元和一個運算子組成的三元組來表示一個算術運算式。算術運算式的數值計算透過以下遞迴方法實作。其中cell是一個字典，將格子的名稱與內容關聯起來。

```python
def arithm_expr_eval(cell, expr):
    if isinstance(expr, tuple):
        (left, op, right) = expr
        l = arithm_expr_eval(cell, left)
        r = arithm_expr_eval(cell, right)
        if op == '+':
            return l + r
        if op == '-':
            return l - r
        if op == '*':
            return l * r
```

```
        if op == '/':
            return l // r
    elif isinstance(expr, int):
        return expr
    else:
        cell[expr] = arithm_expr_eval(cell, cell[expr])
        return cell[expr]
```

　　語法樹按照上述方法來建立。注意對括弧的特殊處理：左括弧總被
加入運算子堆疊，而沒有其他操作；右括弧讓運算子與相關左括弧的
頂點（即以它為根的子樹）組成的運算式並取出堆疊。為了在處理結束
時徹底清空堆疊，我們在字元流尾部加入「;」作為運算式的結尾，並賦
予它最低的優先順序。

```
priority = {';': 0, '(': 1, ')': 2, '-': 3, '+': 3, '*': 4, '/':
4}

def arithm_expr_parse(line):
    vals = []
    ops = []
    for tok in line + [';']:
        if tok in priority:                 # tok 是一個運算子
            while tok != '(' and ops and priority[ops[-1]] >= \
                priority[tok]:
                right = vals.pop()
                left = vals.pop()
                vals.append((left, ops.pop(), right))
            if tok == ')':
                ops.pop()                   # 這是與它相關的左括弧
            else:
                ops.append(tok)
        elif tok.isdigit():                 # tok 是一個整數
            vals.append(int(tok))
        else:                               # tok 是一個識別子
            vals.append(tok)
    return vals.pop()
```

陷阱

在實作上述程式碼的過程中，大家會經常犯這樣一個書編寫錯誤：

```
vals.append((vals.pop(),ops.pop(),vals.pop()))
```

有鑒於append方法處理參數的順序，這使得運算式左右兩邊的值相反[註1]，導致我們不想要的效果。

---

[1] [譯者註] 例如把a-b處理成了b-a。不同程式設計語言在處理方法或函數的參數串列時有不同的行為，有的從左往右處理，有的從右往左處理，寫程式時要特別注意。

14-7　線性方程組

定義

線性方程組由 n 個變數和 m 個線性方程組成。正式來講，給定一個維度為 $n \times m$ 的矩陣 A，和一個大小為 m 的行向量 b，目的是找到一個向量 x，使得 $Ax = b$。

應用：隨機漫步

假設一張連通圖的每條弧上都標註了概率，離開弧的權重總和是 1。這樣的圖被稱為馬爾科夫鏈。隨機漫步從一個頂點 u_0 開始，然後對於每個經過的頂點 u 都會有一條標註概率的弧 (u, v) 通過。我們想知道對於每個頂點 v，隨機漫步到達 v 所需的時間 x_v。定義 $x_{u0} = 0$ 及 $x_v = \sum_u (x_u + 1) p_{uv}$，其中 p_{uv} 是弧 (u, v) 上的概率；當不存在這條弧時，概率值為 0。

此外，還存在與隨機漫步相關的另外一種應用。在 t 步以後，每個頂點都有一個出現漫步者的概率。在某些情況下，漫步會傾向於一種穩定的分佈。計算這個分佈歸結為解決一個線性方程組問題，其中矩陣 A 主要編碼了所有弧的概率，而我們尋找的時間 x 就是這個穩定分佈的值。

應用：重物和彈簧系統

假設一個系統中有一些透過彈簧連接的重球，彈簧自身的重量可以忽略。某些彈簧被掛在天花板上，彈簧可以被拉伸或壓縮（圖 14.3）。給定球的位置和重量，我們想知道這個系統是穩定的，還是馬上會運動。因此，目標就是找到每個彈簧兩端受力的值，並嘗試讓重球所受的各種力能相互抵消，包括重力。這又重新回到了求解線性方程組的問題。

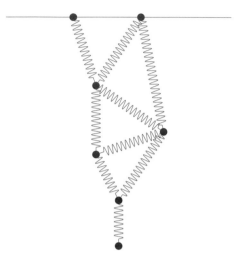

圖 14.3　重物和彈簧系統

應用：地理交叉問題

在地理學中，線和超平面是以線性方程定義的。確定它們在何處交叉，也是求解線性方程組的問題。

複雜度為 $O(n^2 m)$ 的演算法

如果 A 是單位矩陣[註1]，系統的解答是 b。我們要診斷 A 來獲取與理想解答最接近的解。為此，我們需要應用一些能保留系統解的變換，例如交換變數的順序、交換兩個多項式、把一個多項式的兩邊乘以一個常數、把兩個多項式相加。

為了簡化資料操作且不修改 A 和 b 參數，我們把這個多項式系統儲存到矩陣 S 裡。S 由 A 的一個副本組成，我們在副本中添加一個行，其中包含 b 和包含變數索引的額外一列。因此，當各個行在 S 中彼此交換時，我們能發現每一行與哪個變數相關。

---

1 [譯者註] 單位矩陣是一個方陣，從它的左上角到右下角的對角線上的元素均為1。除此以外全部元素為0。

不變數如下：在 k 次迭代後，S 的前 k 行都會變成 0，除了值為 1 的對角線上的元素（圖 14.4）。

為了得到這個不變數，我們把 S 的第 k 列，也就是第 k 個多項式除以 S$[k,k]$（當它非空時），就此給索引 (k,k) 值添加 1。然後，把所有 $i \neq k$ 的多項式中第 k 個多項式減掉，並乘以因數 S$[i,k]$，使得當 $i \neq k$ 時，給索引 (i,k) 值添加 0，如同不變數要求的那樣。

如果 S$[k,k]$ 值為空，該怎麼辦？在這些操作開始之初，我們在 S$[k,k]$ 和 S$[m\text{-}1,n\text{-}1]$ 圍成的長方形內尋找一個絕對值最大的元素 S$[i,j]$，然後交換 k 行和 j 行，以及 k 列和 i 列。這些操作會保留系統的解。

如果這個長方形只包含 0，又該怎麼辦？在這種情況下，對角化操作會終止，並用以下方式提取最終解。

如果對角化在 k 次迭代後過早地結束，而且 S 中從 k 到 $m\text{-}1$ 列都是 0，那麼需要檢查這些列的最後一行。如果存在一個輸入值是非空值 v，那麼意味著存在悖論 $0 = v$，因此我們可以斷定這個問題沒有解；否則，這個系統至少有一個解。假設已經執行了 k 次迭代對角化，我們有 $k \leq \min\{n,m\}$。如果 $k < n$，那麼系統有多個解。為了選擇一個解，我們把 S 中從 k 到 $n\text{-}1$ 行中的相應變數設置為 0，然後就可以在最後一行得到其他變數的其他值，並由 S 中值為 1 的對角線來限定。最終如果 $k = n$，那麼解是唯一的。

$$A = \begin{pmatrix} 1 & 0 & 0 & . & . & . \\ 0 & 1 & 0 & . & . & . \\ 0 & 0 & 1 & . & . & . \\ 0 & 0 & 0 & . & . & . \\ 0 & 0 & 0 & . & . & . \\ 0 & 0 & 0 & . & . & . \end{pmatrix} b = \left\{ \begin{matrix} . \\ . \\ . \\ . \\ . \\ . \end{matrix} \right\}$$

圖 14.4　當 $k = 3$ 時不變數的結構

實作細節

由於使用浮點數計算，計算中會存在精度問題，因此我們在測試等於 0 的時候需要加入臨界值。在切分第 k 列到第 i 列的時候，需要把係數 $S[i][k]$ 賦值給一個變數 $fact$，因為這個操作會改變 $S[i][k]$ 的值。為了精確地計算結果，我們可以使用分數，而不再是浮點數。在這種情況下，在每次迭代時化簡分數是非常重要的，否則解的分子和分母會包含指數級的數字數量。在不規範化的情況下，高斯－喬登消去法不是多項式時間複雜度的，但所幸 Python 的類別函數庫 Fraction 在每次操作中化簡了分數。

變形

當矩陣是稀疏矩陣時，也就是當矩陣每列、每行中的非零元素非常少時[1]，我們可以把計算時間從 $O(n^2m)$ 減少到 $O(n)$。

```python
def is_zero(x):                            # 臨界值
    return -1e-6 < x and x < 1e-6    # 如果使用分數計算，替換為 x == 0

GJ_ZERO_SOLUTIONS = 0                       # 返回值
GJ_UNE_SOLUTION = 1
GJ_PLUSIEURS_SOLUTIONS = 2

def gauss_jordan(A, x, b):
    n = len(x)
    m = len(b)
    assert len(A) == m and len(A[0]) == n
    S = []                              # 把系統放入唯一的矩陣 S
    for i in range(m):
        S.append(A[i][:] + [b[i]])
    S.append(list(range(n)))            # x 中的索引
    k = diagonalize(S, n, m)
    if k < m:
        for i in range(k, m):
```

---

1 [譯者註] 換句話說，當0元素數目遠遠多於非0元素的數目，並且非0元素分佈沒有規律時，矩陣被稱為稀疏矩陣。

```
            if not is_zero(S[i][n]):
                return GJ_ZERO_SOLUTIONS
        for j in range(k):
            x[S[m][j]] = S[j][n]
        if k < n:
            for j in range(k, n):
                x[S[m][j]] = 0
            return GJ_PLUSIEURS_SOLUTIONS
        return GJ_UNE_SOLUTION

def diagonalize(S, n, m):
    for k in range(min(n, m)):
        val, i, j = max((abs(S[i][j]), i, j)
                         for i in range(k, m) for j in \
                          range(k, n))
        if is_zero(val):
            return k
        S[i], S[k] = S[k], S[i]          # 交 k 列 j 列
        for r in range(m + 1):           # 交 k 行 j 行
            S[r][j], S[r][k] = S[r][k], S[r][j]
        pivot = float(S[k][k])           # 如果使用分數計算，不需要 float
        for j in range(k, n + 1):
            S[k][j] /= pivot             # 把 k 列除以 pivot
        for i in range(m):               # 去掉 i 列到 k 列
            if i != k:
                fact = S[i][k]
                for j in range(k, n + 1):
                    S[i][j] -= fact * S[k][j]
    return min(n, m)
```

14-8 矩陣序列相乘

定義

設有 n 個矩陣 $M_1, \cdots, M_n$，其中第 i 個矩陣有 r_i 列和 c_i 行，且對所有 $1 \leq i < n$，有 $c_i = r_{i+1}$。我們希望用最少次數的操作來計算 $M_1 M_2 \cdots M_n$ 的乘積。透過結合律，存在多種添加括弧的方式。透過矩陣乘積的結合律得到以下等式，但這些計算的複雜度可能會不同。

$$(((M_1 M_2) M_3) M_4 = M_1(M_2(M_3(M_4))) = (M_1 M_2)(M_3 M_4),$$

為了把兩個矩陣 M_i 和 M_{i+1} 相乘，我們使用執行 $r_i c_i c_{i+1}$ 次數字乘法的標準演算法。目的是找到放置括弧的方法，進而用最小的成本執行乘法（圖 14.5）。

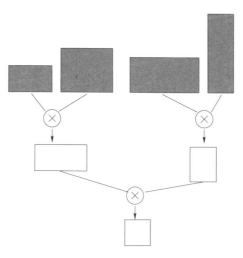

圖 14.5 用哪個括弧做矩陣序列乘法，可以讓操作次數最少？

複雜度為 $O(n^2)$ 的演算法

迴圈公式很簡單[1]。對於某個 $1 \le k < n$，最後一個乘法把 $M_1, \cdots, M_k$ 的結果與 $M_{k+1}, \cdots, M_n$ 的結果相乘。其中 $opt(i,j)$ 是計算 $M_i, \cdots, M_j$ 的最小成本。因此我們有 $s(i,i)=0$，且當 $i < j$ 時：

$$opt(i,j) = \min_{i \le k < j}\left(opt(i,k) + opt(k+1,j) + r_i c_k c_j\right)$$

如果既想計算最佳順序的成本，又想計算最佳順序本身，那麼必須在 opt 矩陣中增加索引 k 來實作最小化（14.1）。這正是以下實作所做的。函數 $opt\_mult(M,opt,i,j)$ 根據 opt 中儲存的資訊以最佳方式按順序計算 $M_i, \cdots, M_j$。

注意索引 i 和 j 的處理順序。考慮 $j-i$ 的升序，可以確信的是公式 14.1 中最小值所需的數對 (i,k) 和 $(k+1,j)$ 值已經計算完成。

```python
def matrix_mult_opt_order(M):
    n = len(M)
    r = [len(Mi) for Mi in M]
    c = [len(Mi[0]) for Mi in M]
    opt = [[0 for j in range(n)] for i in range(n)]
    arg = [[None for j in range(n)] for i in range(n)]
    for j_i in range(1, n):                 # 從 j-i 開始降序對 i 做迴圈
        for i in range(n - j_i):
            j = i + j_i
            opt[i][j] = float('inf')
            for k in range(i, j):
                alt = opt[i][k] + opt[k + 1][j] + r[i] * c[k] * \
                  c[j]
                if opt[i][j] > alt:
                    opt[i][j] = alt
                    arg[i][j] = k
    return opt, arg

def matrix_chain_mult(M):
```

---

[1] 複雜度僅和括弧位置的計算有關，與矩陣乘法本身無關。

```
    opt, arg = matrix_mult_opt_order(M)
    return _apply_order(M, arg, 0, len(M)-1)

def _apply_order(M, arg, i, j):
    # --- 包含矩陣 M[i] 到 M[j] 的乘法
    if i == j:
        return M[i]
    else:
        k = arg[i][j]                          # 根據放置括號的結果進行
        A = _apply_order(M, arg, i, k)
        B = _apply_order(M, arg, k + 1, j)
        row_A = range(len(A))
        row_B = range(len(B))
        col_B = range(len(B[0]))
        return[[sum(A[a][b] * B[b][c] for b in row_B)
            for c in col_B] for a in row_A]
```

有一個更好的複雜度為 $O(n \log n)$ 的演算法，這裡就不多做介紹了（見參考文獻 [15]）。

## Chapter 15

窮舉

　　對於有些組合問題，沒有能保證在多項式時間內解決問題的已知資料結構。這時，需要一個巡訪所有潛在答案空間的窮舉法。這裡的「組合」指的是以簡單資料結構組成較複雜的資料結構，例如子樹建構樹，用瓦片來鋪路，等等。所以窮舉法意味著巡訪所有可能建構的隱性樹，並藉此找到一個解。但是，樹的節點表示部分結構，如果部分結構不能形成一個完整的解，例如不滿足某個限制條件，那麼巡訪會返回上一級節點，並嘗試另外一個分支。因此，這種方法叫「回溯法」（ *backtracking* ）。我們會用一個簡單例子來介紹。

15-1　鐳射路徑

定義

假設一個長方形網格，除了左上角和右上角的開口外，它的四週被邊界包圍著。網格的某些格子中有雙面鏡子，可以用對角線的方式擺放（圖15.1）。我們的目的是把鏡子按照某種方式佈置，使得鐳射光束從左側開口進入，從右側開口離開。光束在網格中橫向或縱向穿過，當它碰到鏡子時，會根據鏡子的方向向左或向右轉90°。如果鐳射碰到網格的邊界，就會被吸收。

演算法

這個問題沒有任何在多項式時間內解決的已知演算法。我們建議使用窮舉法來實作。對每個鏡子儲存一個狀態，而狀態共有三種可能的類型：兩個方向，以及「沒有方向」。起初，所有鏡子都沒有方向；然後，模擬鐳射光束從左側開口進入，並在網格之間穿過。

—當光束碰到一個有方向的鏡子，光束會根據鏡子的方向被反射。

—當光束碰到一個沒有方向的鏡子，我們要執行兩個遞迴呼叫，即對鏡子每個可能方向分別執行一個呼叫。如果其中一個呼叫找到了一個解，那麼它被返回。如果任何一個呼叫都沒有找到解，這面鏡子就被重新放回沒有方向的狀態，一個代表失敗的代碼被返回。

—當光束碰到網格邊界，遞迴過程結束並返回一個代表失敗的代碼。窮舉過程返回上一層，也就是「回溯」。

—最終，光束到達右側開口，返回解。

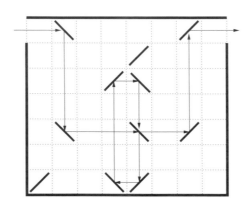

圖 15.1 能讓鐳射穿過網格的一種鏡子放置方式

實作細節

在輸入中給定了初始位置的 n 個鏡子是以 0 到 $n-1$ 為編號。兩個假想鏡子的編號為 n 和 $n+1$，放在兩個開口處。程式生成一個陣列 L，其中有鏡子的座標和索引。

光束的 4 個可能方向以 0 至 3 這 4 個整數編碼，鏡子的兩個方向編碼為 0 和 1。一個維度為 4×2 的陣列 reflex 表示光束以一個給定方向抵達一個給定反射方向的鏡子時發生的方向變化。

在預先計算中，在一行或一列中的一系列連續鏡子透過陣列 succ 相關聯。對於一個鏡子 i 和一個方向 d，當光束按 d 方向離開了鏡子 i，輸入 succ[i][d] 表示光束遇到的下一個鏡子的索引。當光束被反射到邊界時，這個輸入值是 None。

為了填充陣列 succ，首先要一行行、一列列地巡訪陣列 L。注意，函數 tri 使用字典序排序來翻轉行索引和列索引。

變數 last_i、last_r 和 last_c 保存了在巡訪中遇到的最後一個鏡子的資訊。如果這面鏡子與當前鏡子在同一列（按列巡訪時），那麼需要在 succ 中把兩者編號設置為關聯。

```python
# 方向
UP = 0
LEFT = 1
DOWN = 2
RIGHT = 3
# 鏡子的方向    None :? 0:/ 1:\

# 光束來的方向 UP              LEFT          DOWN          RIGHT
reflex = [[RIGHT, LEFT], [DOWN, UP], [LEFT, RIGHT], [UP, DOWN]]
# 與上一列光束來的方向對應的反射方向
def laser_mirrors(rows, cols, mir):
    # 建立結構
    n = len(mir)
    orien = [None] * (n + 2)
    orien[n] = 0                                 # 格子裡鏡子的方向是隨機的
    orien[n + 1] = 0
    succ = [[None for direc in range(4)] for i in range(n + 2)]
    L = [(mir[i][0], mir[i][1], i) for i in range(n)]
    L.append((0, -1, n))                         # 進入
    L.append((0, cols, n + 1))                   # 離開
    last_r = None
    for(r, c, i) in sorted(L):                   # 按列掃描
        if last_r == r:
            succ[i][LEFT] = last_i
            succ[last_i][RIGHT] = i
        last_r, last_i = r, i
    last_c = None
    for(r, c, i) in sorted(L, key= lambda tup_rci :(tup_rci[1], \
      tup_rci[0])):
        if last_c == c:                          # 按行掃描
            succ[i][UP] = last_i
            succ[last_i][DOWN] = i
        last_c, last_i = c, i
    if solve(succ, orien, n, RIGHT):             # 巡訪
        return orien[:n]
    else:
        return None
```

　　巡訪是透過遞迴呼叫實作的。對於此等難度的問題，實例一般都比較小，使用遞迴呼叫時不存在堆疊溢位的問題。注意，在對鏡子j的兩個可能方向所對應的兩個子樹執行無效巡訪以後，程式會重置變數內容，即改為無方向狀態。

```python
def solve(succ, orien, i, direc):
    assert orien[i] != None
    j = succ[i][direc]
    if j is None:                    # 基本情況
        return False
    if j == len(orien) - 1:
        return True
    if orien[j] is None:             # 測試鏡子的2個方向
        for x in[0, 1]:
            orien[j] = x
            if solve(succ, orien, j, reflex[direc][x]):
                return True
        orien[j] = None
        return False
    else:
        return solve(succ, orien, j, reflex[direc][orien[j]])
```

15-2　精確覆蓋

舞蹈鏈演算法是窮舉演算法中的勞斯萊斯，它能解決通用的精確覆蓋問題。很多問題都能化簡為精確覆蓋問題，因此，掌握這種演算法在競賽中無疑是一項實實在在的優勢。

定義

精確覆蓋問題由一個點的集合 U（稱作空間）以及一個 U 的子集 $S \subseteq 2^U$ 組成（圖 15.2）。當 $x \in A$ 時，我們稱一個集合 $A \subseteq U$ 覆蓋了 $x \in U$。目的是找到 S 的一個選擇集合，即一個集合 $S^* \subseteq S$，使它精確覆蓋整個空間中的每個元素一次。

在輸入中，我們收到一個二進制矩陣 M，矩陣的行代表了整個空間中的所有元素，列代表 S 的所有集合。在 $x \in A$ 時，矩陣中的元素 <x, A> 值為 1。在輸出中，需要生成一個列的集合 S^*，使得被限制在 S 裡的矩陣在每行精確地包含一個 1。

應用

數獨遊戲可以被視為一個精確覆蓋問題（見 15.3 節）。鋪路問題也是如此，即在一個地磚集合中，如何覆蓋一個維度為 $m \times n$ 的網格且沒有交叉。每塊地磚必須被精確地使用一次，每個待鋪的格子必須被一塊地磚覆蓋。因此，格子和地磚形成了一個空間元素，而地磚的鋪設方式形成了集合。

舞蹈鏈演算法

演算法實作的就是上述窮舉巡訪。其特色是在實作中選擇資料結構。

首先，演算法選擇一個元素 e，該元素在 S 的最小集合中，也就是受限制最多的集合。這個選擇很有可能會生成一些小搜尋樹。由於解必須覆蓋 e，因而一定包含且僅包含一個集合 A，滿足 A∈S 且 e∈A。因此，解的搜索空間被子集的選擇拆分。對於每個滿足 e∈A 的集合 A，我們為子問題搜索一個解 S，在找到這個解的情況下，解 S＊U{A} 作為初始問題的一個解被返回。

從 U 中去掉 A 的元素後，可以從 <U，S> 建立待解決的子問題，因為每個元素 f∈A 已被 A 覆蓋，而且不能覆蓋第二次。另外，A 與 B 的所有交叉元素已從 S 中去掉，否則 A 中的元素會被覆蓋多次（圖15.2）。

為了形式化包含矩陣 M，重建後的演算法基本結構如下。如果矩陣 M 為空，那麼需要返回空集合，它是一個解；否則，尋找一個 M 中可能包含至少一個 1 的行 c。在所有可能覆蓋 c 的行 r 上，也就是 M_{rc}=1 的行上進行迴圈。對每個列 r 執行以下操作：從 M 中去掉列 r 和所有被 r（$M_{rc'}$=1）覆蓋的行 c'。如果所得矩陣有一個解 S，那麼返回 SU{r}；否則恢復 M。

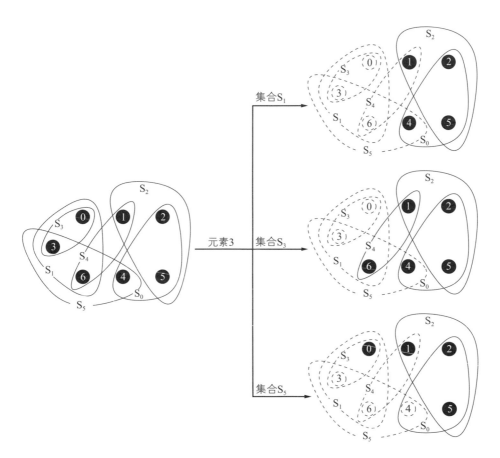

圖 15.2　選擇元素e=3帶來的三個子問題。注意，第三個子問題沒有解，因為元素0無法被覆蓋

鏈式簡約表示方法

　　為了簡約表示稀疏矩陣 M，我們只保存 M 中包含一個 1 的格子，並將它們透過橫向和縱向的兩個鏈關聯起來（圖 15.3）。這樣一來，我們可以輕鬆透過橫向鏈來巡訪所有滿足 M_{rc}=1 的行 r。每個格子有四個欄位 L、R、U、D 來編碼雙重鏈。

每個行還有一個頭部格子，它是縱向鏈的一部分，讓我們可以存取行。在建立結構時，頭部格子被儲存在一個用行編號索引的陣列col中。然後，我們得到一個特殊格子h，它是縱向鏈的一部分，用來儲存頭部格子以便存取行。這個格子不使用欄位U和D。

每個格子有兩個額外欄位S和C，其作用和格子的類型有關。對於矩陣的格子，S保存列的編號，C保存行的頭部格子。對於行的頭部格子，S保存行中1的數量，欄位C被忽略。格子h會忽略這兩個欄位。

```python
class Cell:
    def __init__(self, horiz, verti, S, C):
        self.S = S
        self.C = C
        if horiz:
            self.L = horiz.L
            self.R = horiz
            self.L.R = self
            self.R.L = self
        else:
            self.L = self
            self.R = self
        if verti:
            self.U = verti.U
            self.D = verti
            self.U.D = self
            self.D.U = self
        else:
            self.U = self
            self.D = self

    def hide_verti(self):
        self.U.D = self.D
        self.D.U = self.U

    def unhide_verti(self):
        self.D.U = self
        self.U.D = self
```

```
def hide_horiz(self):
    self.L.R = self.R
    self.R.L = self.L

def unhide_horiz(self):
    self.R.L = self
    self.L.R = self
```

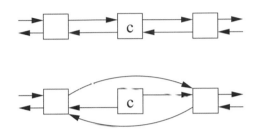

圖 15.3　一個二進制矩陣M，上方是它的編碼，下方是覆蓋第0行的結果。鏈都是
　　　　　迴圈的，鏈從圖的一邊離開，再從相對的另一邊重新進來

鏈

　　舞蹈鏈演算法的構思源於一松宏與野下浩平在1979年發現並由高德納在2000年描述的研究結果（見參考文獻［18］）：為了從一個雙向鏈表中提取出一個元素 c，只需改變其相鄰指標（圖15.4）；為了把元素重新加入鏈表，只需按相反順序執行反向操作。

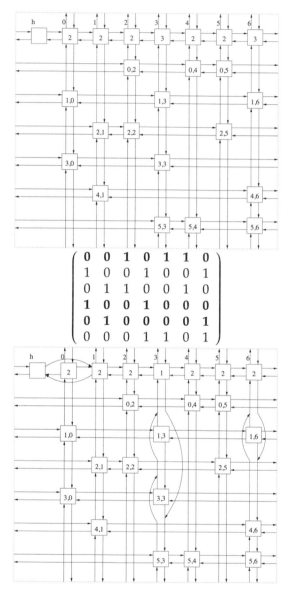

圖 15.4 hide 操作從一個雙向鏈中去掉一個元素c。不刪除c的指標，很容易就能
把該元素重新插入其初始位置

我們利用這個結果在矩陣中去掉或添加一個行。覆蓋一個行 c，就是把它從所有行的頭部元素所在橫列中移除；同時，對於滿足 $M_{rc}=1$ 的列 r，從縱向鏈中去掉在 M（$M_{rc'}=1$）中所有與位置（r,c'）相關的格子。注意隨時維護格子 c' 頭部的計數器 S，即減少它的值。

```python
def cover(c):                      # c = 要隱藏的行的頭部元素
    assert c.C is None             # 必須是一個頭部格子
    c.hide_horiz()
    i = c.D
    while i != c:
        j = i.R
        while j != i:
            j.hide_verti()
            j.C.S -= 1             # 在這個行中減少一個元素
            j = j.R
        i = i.D

def uncover(c):
    assert c.C is None
    i = c.U
    while i != c:
        j = i.L
        while j != i:
            j.C.S += 1             # 在這個行中增加一個元素
            j.unhide_verti()
            j = j.L
        i = i.U
    c.unhide_horiz()
```

搜索

在搜索過程中，我們僅巡訪所有行來找到令元素最少的行，即最小的計數器 S。我們用行的優先順序佇列來加速操作，但行的覆蓋操作成本會更高。在函數返回 true 時，以下函數把解寫入陣列 sol。

```python
def dancing_links(size_universe, sets):
    header = Cell(None, None, 0, None)     # 建立格子的結構
    col = []
```

```python
    for j in range(size_universe):
        col.append(Cell(header, None, 0, None))
    for i in range(len(sets)):
        row = None
        for j in sets[i]:
            col[j].S += 1                        # 這一行中增加一個元素
            row = Cell(row, col[j], i, col[j])
    sol = []
    if solve(header, sol):
        return sol
    else:
        return None


def solve(header, sol):
    if header.R == header:                       # 空的輸入值，找到答案
        return True
    c = None                                      # 搜索最小覆蓋的行
    j = header.R
    while j != header:
        if c is None or j.S < c.S:
            c = j
        j = j.R
    cover(c)                                      # 覆蓋這一行
    r = c.D                                       # 嘗試這一行
    while r != c:
        sol.append(r.S)                           # 在元素 r 中覆蓋元素
        j = r.R
        while j != r:
            cover(j.C)
            j = j.R
        if solve(header, sol):
            return True
        j = r.L                                   # 還原
        while j != r:
            uncover(j.C)
            j = j.L
        sol.pop()
        r = r.D
    uncover(c)
    return False
```

15-3 數獨

很多貪婪演算法都能很有效率地解決經典數獨問題（圖 15.5）。但對於 16×16 的數獨問題來說，舞蹈鏈演算法更合適。

7	2							
	5				9			
				3	8			
			4			5		
		3				8		
		2			3			
			2	5				
			6				3	
							1	9

圖 15.5　一道典型的數獨題目。目的是把空格填滿數字，滿足每行、每列和每個 3×3 方塊都包含從 1 到 9 的所有整數

建模

如何把一道數獨建模為一個精確覆蓋問題？有 4 個限制條件：每個格子必須有一個值；在數獨網格的每一行、每一列和每一個方塊，每個值只能精確地出現一次。因此，在空間中有 4 種元素：列行對、行值對、列值對和塊值對。這些元素組成了精確覆蓋問題實例 <U, S> 的空間 U。

現在，S 的集合將構成賦值法，也就是「列 - 行 - 值」三元組。每個賦值精確覆蓋空間匯整的 4 個元素。

此一描述用簡潔、便利的方式抽象表達了列、行、塊和值，讓問題更容易處理。如何在實例中給數獨網格中有固定值的格子編碼呢？我們的方法是在空間中添加一個新元素 e，並在 S 中添加一個新集合 A —— 它是唯一一個包含 e 的集合。因此，所有結果必須由 A 組成。接下來只需在 A 中填入空間中被初始賦值覆蓋了的所有元素。

編碼

精確覆蓋實例<U,S>的集合與賦值相關,而舞蹈鏈演算法的實作,以被選中元素的索引陣列形式來返回結果。因此,為了找到與索引相關的賦值,必須明確一種編碼方法。將v值填入列r、行c的格子,我們將這個賦值編碼為$81r+9c+v$(對於16×16的數獨網格,把參數替換為256和16)。

同樣的,空間中元素也被編碼成整數,例如列行對(r,c)被編碼為$9r+c$,行值對(r,v)被編碼為$81+9r+v$,以此類推。

```
N = 3           # 全域常數
N2 = N * N N4 = N2 * N2

# 集合
def assignation(r, c, v): return r * N4 + c * N2 + v

def row(a): return a // N4
def col(a): return(a // N2) % N2
def val(a): return a % N2
def blk(a): return(row(a) // N) * N + col(a) // N

# 待覆蓋元素
def  rc(a): return row(a) * N2 + col(a)
def  rv(a): return row(a) * N2 + val(a) + N4
def  cv(a): return col(a) * N2 + val(a) + 2 * N4
def  bv(a): return blk(a) * N2 + val(a) + 3 * N4

def  sudoku(G):
    global N, N2, N4
    if len(G) == 16:
        N, N2, N4 = 4, 16, 256
    e = 4 * N4
    univers = e + 1
    S = [[rc(a), rv(a), cv(a), bv(a)] for a in range(N4 * N2)]
    A = [e]
    for r in range(N2):
        for c in range(N2):
            if G[r][c] != 0:
```

```
            a = assignation(r, c, G[r][c] - 1)
            A += S[a]
sol = dancing_links(univers, S + [A])
if sol:
    for a in sol:
        if a < len(S):
            G[row(a)][col(a)] = val(a) + 1
    return True
else:
    return False
```

15-4 排列枚舉

應用

一些缺乏結構的問題需要用窮舉法解決，在所有潛在解範圍內逐一測試每個元素。因此，有時需要巡訪一個給定陣列的所有排列。

例子：單詞相加

考慮下面格式的問題：

$$
\begin{array}{r}
S\ E\ N\ D \\
+\ M\ O\ R\ E \\
\hline
=\ M\ O\ N\ E\ Y
\end{array}
$$

給每個字元賦予一個唯一的數字，使得每個單詞成為一個開頭不為 0 的數字，並令加法等式成立。用窮舉法解決問題時，只需建立一個由問題中字母組成的陣列 tab="@@DEMNORSY"，並用足夠多的 @ 將陣列補齊到 10 個字元。現在，把每個字母和其在陣列中的位置相關聯，令陣列排列和字母的賦值之間有了相關性。

其中有意義的是枚舉一個串列的所有排列，這正是本章的主題。

定義

給定一個有 n 個元素的陣列 t，我們希望確定 t 之後的一個字典序排列，或者確定 t 已經是最大的。

關鍵測試

為了把 t 排列成其身後的字典序陣列，我們想保留最長的前綴，而且只在後綴中交換元素。

線性時間複雜度的演算法

演算法基於三個步驟。第一，需要找到最大索引 p（稱為「軸」，pivot），使得 $t[p] < t[p+1]$。構思是由於從 $p+1$ 開始的 t，其後綴是一個非增長序列，因此該後綴已是字典序中最大的；所以如果不存在這樣一個軸，演算法即可宣告 t 是最大字元，並就此結束。

顯然，此時 $t[p]$ 應當增長，然而是以最小化的方式增長。因此，我們在後綴中尋找一個索引 s 使得 $t[s]$ 最小，且有 $t[s] < t[p]$。因為 $p+1$ 是候選者，所以這樣一個索引總是存在。在把 $t[s]$ 和 $t[p]$ 交換以後，我們得到一個字典序大於初始陣列的陣列。最終，從 $p+1$ 開始把 t 的後綴按升序排列，藉此，我們獲得在前綴 $t[1\cdots p]$ 中最小的排列（圖 15.6）。

初始陣列	0	2	1	6	5	2	1
選擇軸	0	2	[1]	6	5	2	1
交　換	0	2	[2]	6	5	[1]	1
反　轉	0	2	2	[1	1	5	6]
最終陣列	0	2	2	1	1	5	6

圖 15.6　計算後續的排列

將後綴按照升序排列又變回將其元素反轉的操作，因為最初元素是降序排列的。

```
def next_permutation(tab):
    n = len(tab)
    pivot = None                          # 找到軸
    for i in range(n - 1):
        if tab[i] < tab[i + 1]:
            pivot = i
    if pivot is None:                     # 陣列已是最大
```

```
                return False
        for i in range(pivot + 1, n):                    # 確定待交換元素
            if tab[i] > tab[pivot]:
                swap = i
        tab[swap], tab[pivot] = tab[pivot], tab[swap]
        i = pivot + 1
        j = n - 1                                          # 把後綴反轉
        while i < j:
            tab[i], tab[j] = tab[j], tab[i]
            i += 1
            j -= 1
        return True
```

因此，單詞相加問題的解可以用以下方式編寫：

```
def convert(word, ass):
    retval = 0
    for x in word:
        retval = 10 * retval + ass[x]
    return retval

def solve_word_addition(S):                              # 返回解的數字
    n = len(S)
    letters = sorted(list(set(''.join(S))))
    not_zero = ''                                        # 它不能是 0
    for word in S:
        not_zero += word[0]
    tab = ['@'] * (10-len(letters)) + letters            # 最大字典序排列
    count = 0
    while True:
        ass = {tab[i]: i for i in range(10)}             # 相關陣列
        if tab[0] not in not_zero:
            sum = - convert(S[n-1], ass)                 # 相加
            for word in S[:n-1]:
                sum += convert(word, ass)
            if sum == 0:                                 # 計算是否正確？
                count += 1
        if not next_permutation(tab):
            break
    return count
```

變形：組合和排列的枚舉

在 n 個元素中枚舉 k 種元素組合，即 $\{1, \cdots, n\}$ 中有 k 個元素的部分，技巧是在二進制遮罩「取 k，不取 $n-k$」的排列上進行迭代。這個遮罩也就是由 $n-k$ 個元素 0 及其後續的 k 個元素 1 組成的陣列，因此它能讓我們選擇保存在子集中的元素。

為了枚舉 n 個元素的 k 種排列方式，只需枚舉 n 個元素的 k 種元素組合，這就回到了使用兩個巢狀迭代 next_permutation 的解決方法。這給我們提供了另一種解決單詞相加問題的解法：選擇 10 個字母中 k 個字母的排列方式，其中 k 是不同字母的數量。

我們還將介紹一種技術，其實它已在 1.6.6 節中提到過。這種技術能更有技巧性地巡訪一個有 n 個元素的集合的各個部分，可以藉此來解決一大類動態規劃的問題。

15-5 正確計算

這個問題來自法國電視節目〈Des chiffres et des lettres〉（數字和字母）中一個著名的遊戲。

輸入：$n+1$ 個整數 $x_0, \cdots, x_{n-1}$，b 是一個比 n 小的數，設 $n \leq 20$。

輸出：一個算術運算式最多使用每個整數一次，採用任意次加減乘除運算子，令計算結果盡可能接近 b。減法只允許在結果為正整數時使用，除法只允許在結果能被整除時使用。

複雜度為 $O(3^n)$ 的演算法

演算法是透過窮舉法和動態規劃法實作。在一個字典 E 中，我們把 $S \subseteq \{1, \cdots, n-1\}$ 與最多使用一次輸入 x_i（$i \in S$）計算所得的結果關聯[註1]。具體來講，E[S] 成了把每個可得結果值與運算式相關聯的字典。

例如，對於 $x = (3,4,1,8)$ 且 $S = \{0,1\}$，字典 E[S] 包含了鍵 x 和值 e 的數值對，其中 e 是由輸入 $x_0 = 3$ 和 $x_1 = 4$ 組成的運算式，而 x 是 e 的值。因此 E[s] 包含了鍵值對 $1 \rightarrow 4\text{-}3$、$3 \rightarrow 3$、$4 \rightarrow 4$，$7 \rightarrow 3+4$ 和 $12 \rightarrow 3 \times 4$。

為了計算 $E[S]$，我們在 S 的兩個非空集合 L 和 R 分段上進行迴圈。對於 $E[L]$ 中透過一個運算式 e_L 即可得到的每個值 v_L，以及 $E[R]$ 中透過一個運算式 e_R 即可得到的每個值 v_R，我們都可以重建新值並儲存於 $E[S]$ 中。尤其，$v_L + v_R$ 可以經由運算式 $e_L + e_R$ 計算得到。

演算法的複雜度可以用以下方式評估。對於每個基數 k，考慮 $\binom{n}{k}$ 個滿足 $|S| = k$ 的集合 S。對於每個集合 S，其所有子集 L 要被考慮，後

1　除了 S = ∅，它被忽略了。

者數量是 $2k$。固定的 S 和 L 所需工作量是常數，因此演算法複雜度是

$$\sum_{k=1}^{n} \binom{n}{k} 2^k = O(3^n)。$$

在處理 S 的子集時要特別注意，必須遵守基數的升序排序。這樣，我們可以保證所有集合 $E[L]$

和 $E[R]$ 都已經確定。

實作細節

為了在一個集合中所有大小為 k 的分段上進行迭代，需要一個枚舉方法。我們要實作的函數是 all_subsets，採用迭代器的描述形式。Python 的迭代器不使用 return 語句而使用 yield 語句返回每個結果，這樣能不中斷迭代器的執行。

函數 all_subsets(n,k) 會枚舉基數 k 的所有分段 $S \subseteq \{0, \cdots, n-1\}$。如果 i 是 S 中的最大值，那麼對於一個基數 $k-1$ 的分段 $S' \subseteq \{0, \cdots, n-1\}$，S 可以記作 $S' \cup \{i\}$。函數 all_sebsets 的實作將使用這個拆分方法。

```python
def all_subsets(n, card):
    if card == 0:
        yield 0
    else:
        for i in range(card - 1, n):
            for e in all_subsets(i, card - 1):
                yield e | (1 << i)

def arithm_expr_target(x, target):
    n = len(x)
    expr = {}
    for i in range(n):
        expr[1 << i] = {x[i]: str(x[i])}
    tout = (1 << n) - 1
    for card in range(2, n + 1):
        for S in all_subsets(n, card):
            expr[S] = {}
            for L in range(1, S):
```

```python
                    if L & S == L:
                        R = S ^ L
                        for vL in expr[L]:
                            for vR in expr[R]:
                            eL = expr[L][vL]
                            eR = expr[R][vR]
                            expr[S][vL] = eL
                            expr[S][vL + vR] = "(%s+%s)" % (eL, eR)
                            expr[S][vL - vR] = "(%s-%s)" % (eL, eR)
                            expr[S][vL * vR] = "(%s*%s)" % (eL, eR)
                            if vR != 0 and vL % vR == 0:
                                expr[S][vL // vR] = "(%s/%s)" % \
                                (eL, eR)
    # 尋找距離目標最近的算式
    for dist in range(target + 1):
        for sign in[-1, +1]:
            val = target + sign * dist
            if val in expr[tout]:
                return "%s=%i" % (expr[tout][val], val)
    # 如果 x 中包含在 0 和目標值之間的數字，這個部分永遠不會執行
    pass
```

除錯工具

　　如果你在解決問題的過程中被卡住，不妨和這隻鴨子聊一聊，跟它詳細、準確地解釋你的方案，向它講解你的每一行程式碼，這樣肯定能幫你找到錯誤或解決辦法。

參考文獻

[1]   Ravindra K. Ahuja, Thomas L. Magnanti, and James B. Orlin. Network flows: theory, algorithms, and applications. Prentice Hall, 1993.

[2]   Helmut Alt, Norbert Blum, Kurt Mehlhorn, and Markus Paul. Computing a maximum cardinality matching in a bipartite graph in time $O\left(n^{1.5}\sqrt{m/\log n}\right)$. Information Processing Letters, 37(4): 237–240, 1991.

[3]   Bengt Aspvall, Michael F Plass, and Robert EndreTarjan.Alinear-time algorithm for testing the truth of certain quantified boolean formulas. Information Processing Letters, 8(3): 121–123, 1979.

[4]   Thomas H Cormen, Charles E Leiserson, Ronald L Rivest, and Clifford Stein. Algorithmique. Dunod, 2010.

[5]   Jack Edmonds and Ellis L Johnson. Matching, Euler tours and the chinese postman. Mathematical programming, 5(1) :88–124, 1973.

[6]   Peter M Fenwick. A new data structure for cumulative frequency tables. Software: Practice and Experience, 24(3) :327–336, 1994.

[7]   Michael L Fredman and Robert Endre Tarjan. Fibonacci heaps and their uses in improved network optimization algorithms. Journal of the ACM (JACM), 34(3) :596–615, 1987.

[8]   R sinš Freivalds. Fast probabilistic algorithms. In Mathematical Foundations of Computer   Science1979, pages 57–69. Springer, 1979.

[9]   Harold N Gabow. An efficient implementation of Edmonds'

algorithm for maximum matching on graphs. Journal of the ACM (JACM), 23(2) :221–234, 1976.

[10] Anka Gajentaan and Mark H Overmars. On a class of O(n2) problems in computational geometry.Computational geometry, 5(3) :165–185, 1995.

[11] David Gale and Lloyd S Shapley. College admissions and the stability of marriage. American mathematical monthly, pages 9–15, 1962.

[12] Andrew V Goldberg and Satish Rao. Beyond the flow decomposition barrier. Journal of the ACM(JACM), 45(5) :783–797, 1998.

[13] Carl Hierholzer and Chr. Wiener. Über die Möglichkeit, einen Linienzug ohne Wiederholung und ohne Unterbrechung zu umfahren. Mathematische Annalen, 6(1) :30–32, 1873.

[14] John Hopcroft and Robert Tarjan. Algorithm 447: Efficient algorithms for graph   manipulation.Communications of the ACM, 16(6) :372–378, 1973.

[15] T.C. Hu and M.T. Shing. Computation of matrix chain products. part ii. SIAM Journal on Computing, 13(2) :228–251, 1984.

[16] Richard M Karp. A characterization of the minimum cycle mean in a digraph. Discrete mathematics, 23(3) :309–311, 1978.

[17] RichardM. Karp and M.O. Rabin. Efficient randomized pattern-matching algorithms. IBM Journal of Research and Development, 31(2) :249–260, March 1987.

[18]   Donald E Knuth. Dancing links. arXiv preprint cs/0011047, 2000.

[19]   Donald E Knuth, JamesH Morris, Jr, and Vaughan R Pratt. Fast pattern matching in strings. SIAM journal on computing, 6(2) :323–350, 1977.

[20]   S Rao Kosaraju. Fast parallel processing array algorithms for some graph problems (preliminary version). In Proceedings of the eleventh annual ACM symposium on Theory of computing, pages 231–236. ACM, 1979.

[21]   Dexter C. Kozen. The Design and Analysis of Algorithms. Springer Verlag, 1992.

[22]   Chi-Yuan Lo, Jiˇrí Matoušek, andWilliam Steiger. Algorithms for ham-sandwich cuts. Discrete & Computational Geometry, 11(1) :433–452, 1994.

[23]   Glenn Manacher. A new linear-time on-line algorithm for finding the smallest initial palindrome of a string. Journal of the ACM (JACM), 22(3) :346–351, 1975.

[24]   Sylvain Perifel. Complexité algorithmique. Ellipses, 2014.

[25]   Mechthild Stoer and Frank Wagner. A simple min-cut algorithm. Journal of the ACM (JACM), 44(4):585–591, 1997.

[26]   Volker Strassen. Gaussian elimination is not optimal. Numerische Mathematik, 13(4) :354–356, 1969. [27]   Robert Tarjan. Depth-first search and linear graph algorithms. SIAM journal on computing, 1(2) :146–160,1972.

[28]   Esko Ukkonen. Finding approximate patterns in strings. Journal

of algorithms, 6(1) :132–137, 1985. [29]   I-Hsuan Yang, Chien-Pin Huang, and Kun-Mao Chao. A fast algorithm for computing a   longestcommon increasing subsequence. Information Processing Letters, 93(5) :249–253, 2005.